U0052275

初學者也OK的

前言

我很喜歡到森林、到河邊去觀賞植物，常常帶著我的狗就出門踏青去。每到大自然中，映入我眼中，深深抓住我的心的是，植物們努力生存，不屈不饒的模樣……青苔努力攀附在河川中的岩石上，青綠繁茂、閃耀著水光，綠色小草生長在因颱風而橫躺的樹木上，鮮綠地冒出新芽，雖小卻綻放著迷人的花朵……

如此堅強卻又如此惹人憐愛，「好想收藏在身邊……」心中所揚起的這個想法，正是草盆栽的原點。

剛開始時種得並不好，甚至也枯了不少。但我到現在依然無法忘記的是，當我發現原本認為已經枯死的楓樹，在春天又冒出新芽時，那時的感動真的無與倫比。

自己培育的草盆栽，小小世界中旺盛的生命律動，是那麼地美妙、令人欣悅。在每天匆忙的現實生活中，為我帶來超乎我所能想像的感動。

別將栽種植物想得過於複雜，就如同週末到山中或河川去遊玩時，發現鮮綠可愛的植物，會想將它摘取下來、裝飾在房間中一樣，首先就先試著以這樣的輕鬆心情開始吧！而如果不太擅長照顧植物，可以換成植物的角度來思考：「如果是我，我會希望怎麼作？」如此一來，我相信植物栽培就能變得更加順利吧！

真心希望專屬於你的小盆栽，能為你的生活帶來大大的豐潤喜悅。

砂森 聡

感受自然，
重新展現在小小世界中

將自然的風景裝進花盆裡

草盆栽，讓自然景觀原封不動地重現在花盆中。

在本書中，以山野草為主，

並搭配青苔、野花、樹木等，

將大自然中寶貴的美麗景色，利用花盆重新表現出來。

沿著河川，在洞窟旁的河岸邊，青苔、野草、野花、樹木等各式各樣的植物，一起勾繪出了充滿野趣的景色。重現此景色的草盆栽中，使用了泡盛草、繡球花等，再搭配開著粉紅花朵的綬草來點綴，下方則鋪上大灰蘚，以這些喜歡潮濕環境的植物們，將自然的姿態重新表現出來。

壯觀的自然映照在水面上，一望無盡。砂森老師的愛犬似乎想將這綠意弄散般，來回奔跑著。正因為「想將這個自然的美景帶回家！」因此引人進入了盆栽的世界。

猶如將水潤的鮮綠
裁剪下來一般

砂森老師與愛犬一同造訪的是自宅附近的琦玉縣飯能市。

那是一處沒有人工產物，只有自然景色、山川、原野的地方，

在自然中徜徉、享受綠意、感受植物撫慰人心的力量，

這些都將成為製作盆栽時的靈感來源。

森林中直立的樹木、自力生存的山野草，而沒有日照之處可以窺見青綠的苔蘚。草盆栽中朝著各方向伸展枝葉的木蠟樹、楓樹、充滿野性表情的山苔，彷彿是將這樣的森林縮小，並且重新呈現一般。

猶如要將河川中的岩石覆蓋住的青苔，奮力延伸莖葉的野草。利用了喜歡水邊環境的白鷺莞和大灰蘚作成的草盆栽，搭配上讓人聯想到岩石的花器，彷彿是將河邊風景搬進室內一般。

透過自然觀察&了解植物

接觸大自然，

就能間接地了解植物。

生長在水邊、向陽處、背光處的植物們有什麼不同？

而在一旁一起生長的草花們又是？

這些疑問都將會在製作盆栽時派上用場。

認真觀察著藤蔓植物的砂森老師。深愛植物和草盆栽的老師，他那凝視植物時的目光，滿是溫柔與慈愛。

夏天時，合歡樹開出的粉紅花朵隨風搖曳。觀察各類植物的生態，也能對盆栽的製作有所助益。

陽光的充足與否，甚至河川的流動，都會影響著生長的植物。親近大自然，在大自然的懷抱中，自然而然就會燃起對盆栽造景的創作欲望。

從洋溢著生命力的綠意中獲得能量

觀察大自然，不單單只是從中獲得創作靈感。

太陽、水、空氣所創造出的空間

能給予我們無限的生命能量。

也賦予我們熱愛植物的柔和之心。

陰暗且長有青苔的場所，能帶來許多製作苔球時的靈感。是什麼樣的生長姿態？該與什麼樣的植物搭配在一起呢？好好地仔細觀察吧！最右方的圖片，是日本紫萁搭配上大灰蘚，將原有姿態完整地呈現，充滿自然氣息的苔球。

Contents

Part 1

日常生活中的盆栽

盆栽的魅力，就在於能將宏偉的自然縮小重現在小花器中。
讓手掌大小的大自然，進入到你我的日常生活中。
傳統的樹木盆栽有固有的造型規則，
但本書中的草盆栽，沒有任何複雜規定，
也沒有特定的場所，可以擺設在自己喜歡的地方。
但有幾點需要牢記在心中的要領。
本單元將介紹裝飾時的重點、推薦的裝飾法、及擺放的場所等。

裝飾在日常生活時的要領

讓盆栽進入到日常生活中，不僅能獲致心情上的寧靜，同時也能成為親友來訪時的最佳裝飾。隨意輕鬆地擺設，為生活增添出盎然綠意吧！

草盆栽，重現大自然

盆栽的特徵在於，模仿雄偉的自然景觀，並重新表現在花器中。而觀賞其展現出的姿態，也是盆栽的目的之一。

此外，比一般盆栽尺寸小，約為手掌大小的稱為「小品盆栽」，不僅剛入門的初學者容易上手，同時也能綠化室內，具有高人氣。

在本書中所介紹的是，以山野草為主，洋溢著野趣，被稱作「草盆栽」的盆栽。松樹等樹木為主，從古老就存在的傳統盆栽，在裝飾造景上有固有的法則，但像本書中的草盆栽，不用費心去注意細小的規定，只需要想著「將美好的自然風景帶入生活中」，隨著自己的喜好來裝飾即可。而當你真正迷上了盆栽之美，想更精益求精，那時再來重新學習固有的裝飾法。

將綠意帶入生活中

將小品盆栽裝飾於家中時，固有的規則是，依照規定好的盆數裝飾在展示架或和室的床之間（凹間）中。但「家中沒有凹間……」、「沒有擺放展示架的空間……」我想有這些困擾的人應該不少。因此，先別拘泥於規則，只需要想著如何將植物的綠意帶入生活中，先試著動手來裝飾看看吧！

透過平日的細心觀察，盆栽的創作與培育技術也會隨之增進。擺放在自己時常可見的場所，或裝飾在可讓人欣賞得到的場所，不僅是增進技術的捷徑，同時也能撫平心情。

裝飾時注意要點

因為植物帶有土壤，固有的習慣是避免裝飾在餐桌上。但到了現今，為了宴客或方便觀賞，將植物裝飾於餐桌已經是相當普遍的作法。為了不怕讓水從盆底的排水孔流出，因此可在桌面或地板上擺放小器皿或裝飾盤後，再放置上植物，不僅較為安心，同時也高雅時尚。

常有的誤解是，植物適合裝飾在像寢室等令人放鬆的場所，但其實因為陰暗環境並不合適。此外，也要避免冷暖氣的風直吹植物，避免擺放盆栽於搖晃不穩固的場所。

善用自然素材

儘管說可以將盆栽放在自己喜歡的場所，但應該仍有人會猶豫，不知該如何擺設。

在盆栽世界中，尤其以使用了山野草的草盆栽，特別散發出自然且素雅的魅力。裝飾時，若能與木材家具或以木板、石頭等自然素材作成的雜貨一起搭配，更能相互調和襯托。

不僅和日式的棚架或布料很相襯，和南亞風情雜貨、歐風雜貨的組合，也是既時尚又雅緻。試著與花盆、草花的顏色作搭配也是不錯的呢！

注意要點

能裝飾在室內觀賞，雖然是盆栽的一大樂趣，但為了培育，擺放在室外是相當重要的！

平時就擺放在室外吧！

盆栽可裝飾於家中，擺放在身旁仔細鑑賞，或展示給來訪的客人欣賞，但如果長期都擺放在室內，生長狀況將會大受影響。

盆栽培育的基本要領是，平時放置在有陽光照射的室外，並定期澆水。若已經擺放在室內一整天，記得夜晚時要將盆栽移到室外。

雖然簡單地以「室外」兩字來說明，但其實植物相當多樣，有喜歡全日照的植物、半日照的植物、喜歡水邊環境的植物等（參照P.59至P.61），各有不同的特性。因此並非將所有的盆栽都集中擺放在同一區，而是要依照植物的特性，來選擇適當的場所。

盆栽是個小自然，需要享受日光浴、受清風吹拂、吸收乾淨的水，才能茁壯。讓盆栽在合適的自然環境中生長，並給予細心的照料，如此一來，當它們進入到我們的生活中時，更能發揮出它們療癒人心的能量。

以草盆栽來盛情款待

當有重要親友來訪時，利用草盆栽
來打造溫馨歡樂的時光吧！
玄關或凸窗，正是植物們的最佳舞台！
擺放在引人注目的位置，
向客人們熱情地道聲「歡迎光臨！」

左：釣樟和山繡球花，使用了兩種樹木的盆栽。中：有著秀麗白花的白石斛、西洋兔腳蕨等兩種附生植物。右後：高度高的大果山胡椒搭配上楓樹、兔腳蕨。右前：尺寸小的楓樹與虎耳草作成的小型盆栽。

在玄關迎接來賓

玄關是住家的門面，
也是訪客第一眼見到盆栽們的場所。
可同時擺放多個，讓整體達到均衡協調，
或乾脆只擺放一個，突顯出單一的美。
利用鏡子或簡潔設計的布料，
來襯托出主角，也是種秀逸的表現方式。

有著特殊葉片的渡邊草，刻意讓姿態映照在鏡子中，增強印象。在土壤表面鋪上大灰蘚。

左為那智泡盛草，右方裝飾著筑紫唐松草的小花，後方則是高度較高的地榆，土壤表面上鋪有山苔，並搭配上鋁製的花器。融合了日式與歐風元素的魅力盆栽。

享受自然的療癒空間

客廳、餐廳、和室，
不僅是招待訪客的場所，
同時也是家人們共享的平和空間。
只要隨意地擺設上幾個小巧的盆栽，
就能帶來溫和平靜的心情。
與自然色的家具或布料有著高契合度。

深紅色的大文字草，儘管只有一株，也能讓人印象深刻。相當適合和風裝飾。

以單一品種作出的簡單草盆栽。擺放在客廳，輕輕撫慰人心。
上：山苔　左下：西洋兔腳蕨　右下：烏桕

將可愛的盆栽並排，來個舒適的午茶時間吧！從正前方開始依序是：鵝河菊、越橘、烏桕。利用桌布和色彩豐富的器皿，來營造出輕柔的氣氛。

為單調的空間加入潤澤感

工作桌上的電腦旁、書櫃上、階梯上……
在容易顯得乏味的無機質空間，
只要擺上盆栽，頓時就能變得舒適、放鬆。
若是外型俐落或尺寸小的盆栽，就不會影響工作或妨礙走動。
彷彿可以聽見它正在輕聲說：「今天也辛苦了，要加油喔！」

開著小小紅紫色花朵的綠葉胡枝子。擺放在階梯上，美麗的姿態讓人不自覺地停下腳步。

讓幾種樹木類和花草類一同裝飾擺設，單調的書櫃馬上化身成優雅的空間。上：玉簪，右下：Vaccinium smallii，左下：蓮花升麻。

裝飾在工作桌上的是山苔作的盆栽，簡單俐落。茂密清新的綠色，撫慰疲倦的心。

以美麗紅藤蔓的紅葉地錦（左下）為中心，有規律地在四周擺放上大大小小的盆栽，打造出了一個有趣的料理空間。
左中：越橘，左上：山苔，右：西洋兔腳蕨

放置在洗手台角落的草盆栽中，混植了三種喜好水邊環境的植物。花朵狀似白鷺的白鷺莞、葉片會轉紅的紅禾草、葉片有美麗斑紋的鷸草。

類似皺皮木瓜的長壽梅。以桌巾搭配上紅花，讓日常空間變得明亮華麗。

每天所處的場所
更該溫馨愜意

廚房、吧檯、洗臉台等每天都會使用的生活空間，
只要擺設上盆栽，就能營造出與平時不同的氛圍。
雜物多的廚房，利用體積小卻有存在感的盆栽，
洗臉台則選用喜愛潮濕環境的植物。
有植物相伴，日日都是充滿笑容的好日。

小裝飾品與兩盆並排的烏桕，似乎在廚房的吧檯上述說著故事呢！雖然是同一種植物，因改變了花器，而展現出了不同的風情。

籐籃裡擺放了花葉地錦作成的苔球。自然素材的雜貨與苔球的搭配，相當完美，猶如身處在東南亞的度假勝地般。

盆栽與雜貨的結合

雜貨與盆栽是最佳拍檔。
除了容易搭配的自然素材雜貨，
如果和可愛的小物一起擺設，
也能成為互相提引襯托的美妙組合！
放置在燭台上，並裝飾於壁面，
或像甜點般擺放在蛋糕盤上等，
創意可無限延伸。

將高度高、紅葉片的楓樹配置在後方，楓樹的左邊是會不停開花的屋久島胡枝子，前方是個頭較低的雪割草、松蟲草等，組合成了相當具分量的盆栽。擺放在刷了白漆的木板上，一個完美的草花舞台就完成了。

有著特殊的枝葉外型的楓樹，搭配上山苔所組合而成的簡潔盆栽。即使與充滿個性化的雜貨們一起擺設，也不突兀。

古董燭台中，裝飾了有著美麗流線的桑葉葡萄，盆栽和鐵製雜貨的契合度絕佳。映襯在壁面上的陰影，也是不可錯過的欣賞重點。

並排在圓盤上，猶如可口美味的點心。
後方：烏桕，左：越橘，右：破傘菊

種植在小花盆中的愛瑟氏捕蟲堇。讓幾個同時並排，
小巧又可愛。

在室外玩賞盆栽

盆栽，平時是栽種在室外。
當擺放在庭院或陽台時，
若能作些裝飾布置，就會相當優美。
而當有客人來訪時，
將盆栽放在大門口、玄關處，
甚至腳踏車的車籃裡，
讓室外多些美麗的裝點吧！

葉片轉成火紅色的Vaccinium smallii，只要一盆就相當具有存
在感。在玄關輕聲地說著：「歡迎光臨！」

有著白色斑紋的小型大吳風草。如果在腳邊發現可
愛的它，客人們一定會興奮又開心的！

盛開著粉紅花朵的繡球花Annabelle，在腳踏車的車籃中，迎接著來訪的親友們。

在盆栽中享受四季的推移

你是否認為盆栽只有一個季節呢？其實，盆栽與切花不同，能隨著時序的更迭，享受四季的變化。捕捉各個季節的風情，感受盆栽的美好吧！

欣賞春夏秋冬各季節的姿態

盆栽的其中一個樂趣是，能在小空間中觀賞四季的變化。當發現一整年費心照顧的盆栽開出小巧的美麗花朵時，那種歡喜愉悅是超乎想像的。

植物在春天長出新芽、開花，夏天時枝葉繁茂，到了秋天葉片染上顏色，入冬後枯萎掉落，為了下一個春天而開始準備，植物就是在四季的自然週期下日益成長。

四季更迭的同時，細小的變化也每天都在發生。有些樹木，花朵開完後會結出果實，有些夏天時青綠茂密的葉片能給人清爽舒適的氣氛。楓樹和連香樹等，秋天時有紅葉可以觀賞；到了冬天，葉子片片飄落，乾枯蕭瑟的姿態，也別有一番風趣。

一個花器中同時栽種多種植物的組盆，若能搭配不同開花期的植物，並加入葉片會轉紅的樹木，從春天到秋天，就有豐富多樣的姿態可以欣賞。

盆栽，可說是在日常生活中的小小自然。自己作出的盆栽，隨著四季更迭所帶來的那份感動，請務必親自來體驗。

到了秋天通條木的葉片轉紅，顏色的漸層變化十分優美。能仔細觀賞每一片葉片的美，正是盆栽的優點之一。

6月時製作的盆栽，經過一個月後的模樣。繡球花與前方的泡盛草，花期已結束，左邊的屋久島胡枝子向盆栽外延展出枝條。

Part 2

製作盆栽

以買來的盆栽裝飾固然很好，
但若能自己親手打造，想必那份感情會更加深厚。
在本章中，將準備的物品及基本作法作了統整，
讓初學者們也能簡單明瞭。
從單一品種的草盆栽，到搭配了花草樹木的組盆，
都以清楚易懂的步驟來作解說。
如果已經上手了，別只作一盆，
試著多製作些屬於自己的盆栽吧！

準備材料・工具

製作盆栽的第一步就是材料和工具的準備。需要準備的物品看似很多，但工具和土只要一旦購買後，就能使用好一段時間，接下來的作業也會較為輕鬆。

準備也是盆栽製作的樂趣之一

製作盆栽的主要目的是為了觀賞，但其實，從開始製作之前的準備階段，就已經有相當多有趣的事。

為了選購植物，踏進了園藝店時，就會發現玲瑯滿目的當季植物苗，光看就足以讓人興奮不已。而在古董店中尋找可以當作花盆的器皿，也是種有趣的尋寶樂。剪刀或盛土器等工具，雖然在雜貨商店就能購買得到，但若能更講究，找到可以長久愛用的工具也是很不錯的呢！

工具

居家用品店、園藝店裡，陳列了相當多種類的盆栽用工具，但只要先將本頁中所介紹的基本工具備齊，就能開始進行盆栽的製作。建議剛接觸盆栽的初學者，選用園藝或盆栽專用的工具，因為操作容易，能讓作業變得更加輕鬆。

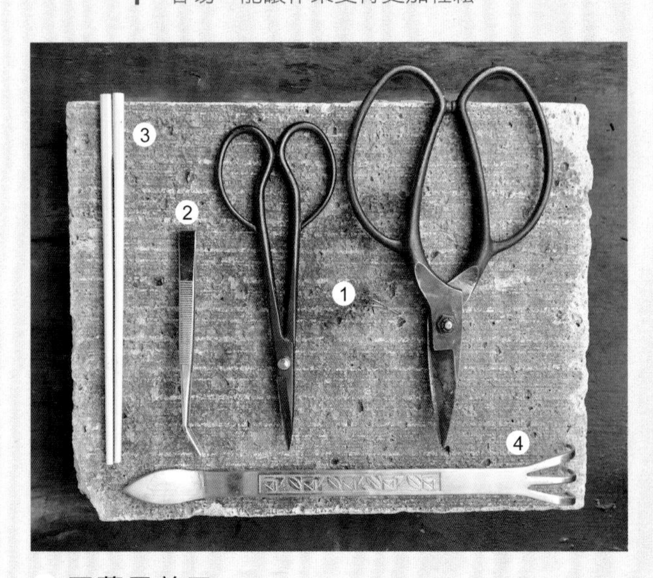

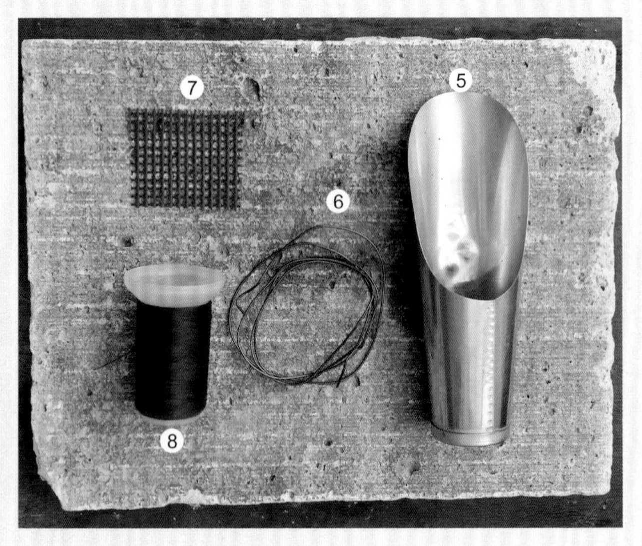

1 園藝用剪刀

定植時將多餘的根部剪除、或剪除枯枝時使用。選擇盆栽用、園藝用，不鏽鋼或鋼材質的刀刃。若能備齊普通尺寸、以及修剪細小部分用的小尺寸等兩種，較為便利。

2 鑷夾

移植青苔時使用。前端彎曲的類型較易使用。

3 竹筷

定植時，在花盆中加入土壤後，利用竹筷從上方壓戳，用來減少土壤間的空隙。

4 三爪耙

定植或增換盆時，將糾結的根團弄鬆，或去除根部土壤時使用。

5 盛土器

定植時，將土壤杓起裝入花盆時用的工具。配合花盆的尺寸，準備小型的盛土器。也可以移植鏝代替。

6 鐵絲

市面上有販售園藝用鐵絲，易彎摺且不易生鏽。將盆底網固定在盆底時使用。

7 盆底網

平鋪於盆底的排水孔上，以防止土壤流失。市售的盆底網多為一大張，可利用剪刀裁剪成適當大小後使用。

8 線

製作苔球時，用來固定土壤與青苔。縫紉線等強度高的線較為合適。顏色若選用黑色系較不顯眼。

土壤

請務必使用園藝用的土壤，並依照草花、青苔等植物的種類及各自喜好的環境，分別為它們選用排水性佳，或保水性佳的土壤。也可將數種類型的土壤均勻混合後使用。為了避免根部腐爛的情況發生，增加排水性是調配土壤時的重點。

赤玉土（硬質）＋鹿沼土

定植時使用的土壤。赤玉土是將火山灰堆積而成的赤土乾燥加工而成，具有優良的吸濕性、保水性。鹿沼土主要是在日本栃木縣鹿沼市所採掘的細小輕石，具有優良的通氣性、保水性。兩者都是一般常見的園藝用土，依照顆粒大小有分成細粒、小粒、中粒、大粒等種類，在本書中所介紹的盆栽是採用小粒，並以1：1的比例混合後使用。

泥炭土（左）

水邊植物枯萎腐化，堆積在水底而成為黏土狀的土壤。若加水揉捏會產生黏度，乾燥後會凝固變硬，方便製作苔球。保水性高，且含有營養分。

專用土「夢想」（右）

植物腐化後的物質所作成的纖維質土壤，排水性佳，不容易使根部腐爛。平鋪在赤玉土及鹿沼土上再植入青苔，或與泥炭土混合後用來製作苔球。

裝飾石頭

盆栽填滿土壤後，放在土壤表面上的園藝用輕石。美化外觀，排水性及通氣性亦佳，不會妨礙水分滲透到下方土壤，因此不容易使根部發生腐爛的狀況。

青苔

盆栽所不可欠缺的素材，可鋪在植物的基部營造風情，或用來製作苔球等。容易取得的是大灰蘚和山苔等兩種類。各自擁有不同的特徵，展現出的風情也有所不同，因此建議依照花盆或栽種的植物來挑選。

山苔

細且短的葉片密集成高度約2至3公分的半球型塊狀。乾燥時色澤會偏白，若富含水分時則呈現濃綠色。擁有優良的保水性，因此適合覆蓋在怕乾燥的植物的根部周圍。在自然環境中，常可在潮濕的腐葉土上或樹根的周圍發現山苔的存在。

大灰蘚

有著如羽毛般的枝葉，向四面延展覆蓋地面，生長成一整片黃綠色的塊狀。容易形成大面積，相當適合用來製作苔球。耐乾性較強，若變乾燥時，羽毛狀的枝葉會向上捲曲。喜好日照充足，且潮濕的環境。

花盆

盆栽用的花盆，光是園藝店裡販賣的，就已經有相當多的大小與種類，先挑選好花盆後，再來決定要栽種什麼植物，也是一種玩味的方式。若能善用食器或生活中的器皿，也能打造出世界上獨一無二的原創盆栽。

各種形狀的花盆缽

先選好花盆，再來選擇符合花盆形狀的植物，也很有趣呢！

圓形淺底的花盆，若能種植高度低的植物並搭配上青苔，就能營造出寬闊的感覺。

模仿圓形片口缽的花盆。低調沉穩的色澤，能與草花、會結紅色果實的樹木、會變紅葉的植物等相互襯托。

飄逸著古董風，帶有草木圖紋的瓷碗。古董等老舊物品，能襯托出山野草的秀逸。

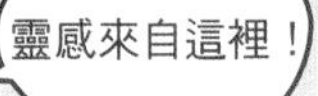

盆口朝向側邊的花盆。能醞釀出自然的氛圍，猶如草花生長在樹洞中或岩壁上。

形狀猶如兩個小酒杯緊靠在一起的花盆。一邊栽種高度低矮的植物，另一邊則是會向上伸展的植物，以高低差來增添趣味。

有深度、造型簡約的土色花盆。若搭配楓樹或木蠟樹等細枝條的樹木，就能塑造出安定感。

窄口且高度較高的花盆。俐落的外型，同時具有安定感。無論是高度低或高的植物都能搭配利用。

以細長圓筒狀的片口缽，栽種藤蔓類植物，並刻意營造出從花盆中滿溢而出的感覺，也是極有趣的表現方式。

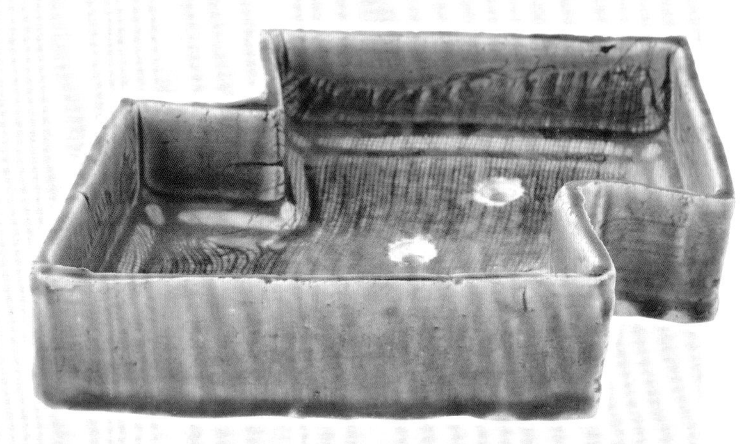

特殊造型的淺盆。在前方栽種青苔、高度低矮的植物，後方則配置石頭、高度高的植物，來製造出深淺遠近的效果。

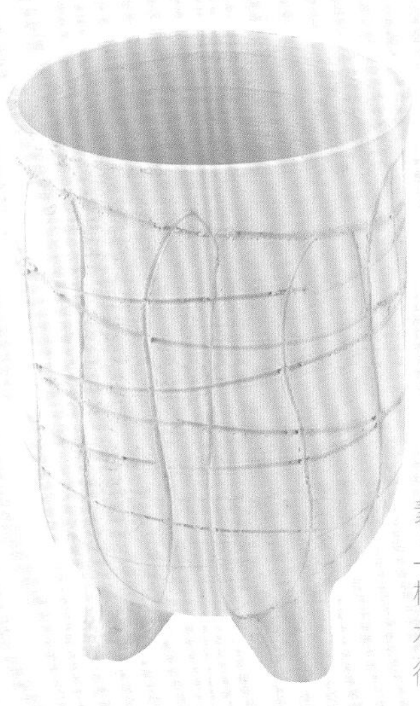

素燒盆。在花盆的外側貼附上揉捏過後的土壤，並種上植物後，在盆中加入水，讓水自然地滲出，這樣的作法很特別吧！

盆底如果沒有排水孔時……

玻璃、金屬等無法鑿出排水孔的器皿，因為水分會囤積在其中，可用來栽種水邊植物等。話雖如此，但依然會有因為水質腐敗而導致根部腐爛的可能性，因此可利用珪酸鹽白土，將其平鋪在盆底後再加入土壤。

珪酸鹽白土是多孔性的天然石材，有淨化水與土的功能，且能防止根部腐爛。

也有這樣的花盆

除了食器之外，瓦片、木板等也能成為盆栽的花器。

鋁製圓缽。無法鑿出排水孔，因此適合栽種銅錢草等水邊植物。

小巧的碟子最適合用來擺放苔球。為了不遮蓋住圖紋的美，也可只栽種青苔。

體積雖小卻具有存在感的雕花玻璃酒杯。無法鑿出排水孔的器皿，利用水邊植物來搭配。

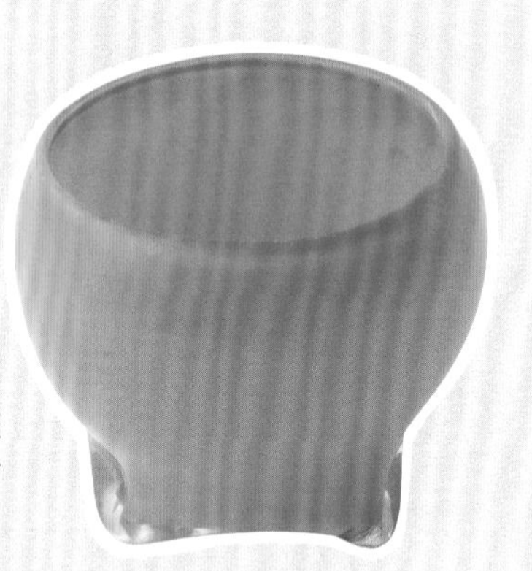

有著鮮明色彩的玻璃器皿，能融入歐風的室內裝潢。適合種植彈簧草等氣勢上不會輸給器皿的植物。

在刻繪有雅緻圖樣的小茶杯中，只單純栽種青苔。同時將數個並排著擺設也不錯！

將天然輕石挖鑿而成的花盆。能營造出猶如生長在自然岩石上的風情。

舊瓦片與根團水栽的組合非常棒！老舊的物品若能善加利用，能帶來與一般花盆不同的樂趣。

種植附生植物用的蛇木板。能直立，也能懸掛於壁面。

準備花盆

若使用食器等器皿當作花盆時，首先必須先在器皿底部鑿出排水用的孔穴。而為了防止土壤從排水孔流出，在植入植物前，裝釘上盆底網。

在盆底鑿出排水孔

先在器皿下方平鋪毛巾後，以鐵鎚敲打鐵釘，在底部鑿出孔穴。若過於用力敲打，易使器皿破碎，因此漸進地調整力道的強弱。所使用的水泥牆用鐵釘，直徑也先從小逐漸增大。

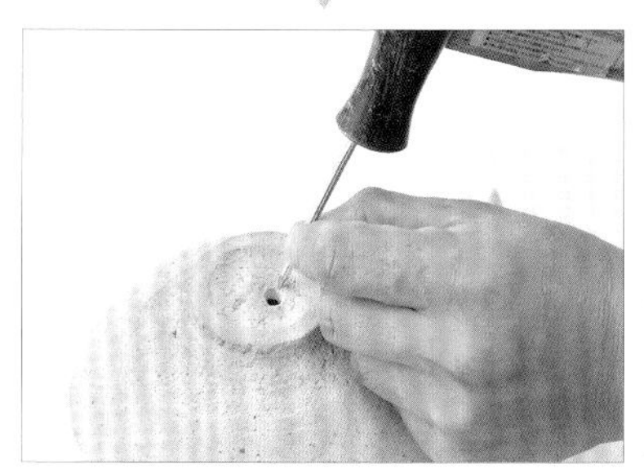

鑿出小洞後，繼續在其周圍敲打鐵釘，讓孔穴逐漸增大。依照器皿的尺寸，以及是否足以讓水順利排出，來決定孔穴的大小。

固定盆底網

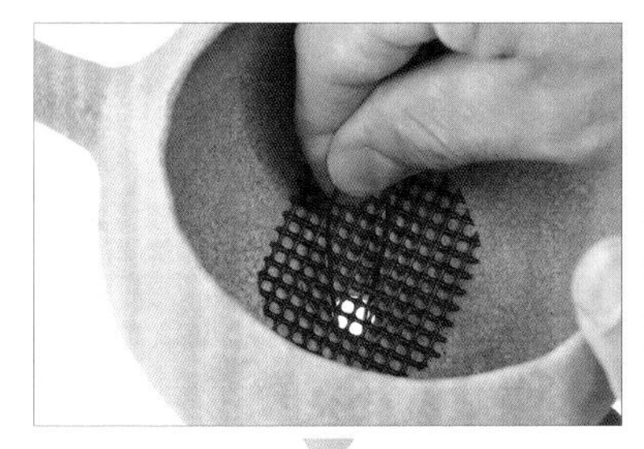

配合盆底大小來裁剪盆底網。將5至10公分的鐵絲凹摺成U字形，穿過盆底網，並從排水孔穿出。

花盆翻至底部，將從排水孔穿出約2至3公分長的鐵絲，分別向兩側凹摺，讓鐵絲能固定在盆底。

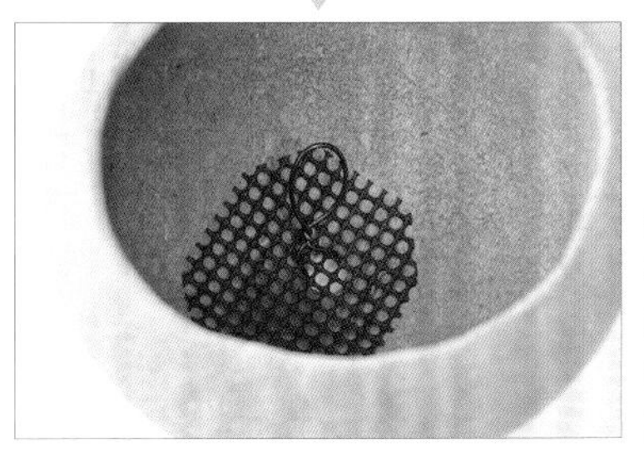

捏住花盆中鐵絲呈U字型的部位，扭轉兩至三圈固定。為不妨礙其他作業，將鐵絲向側邊壓倒。

※P.26至P.29是砂森老師的私人物品。

基本的製作方法

若工具和植物苗都備妥了，接著只需將植物定植即可。如果已經掌握了基本步驟、搭配植物時的守則等，就可以先從容易取得的草花和青苔開始動手，挑戰製作盆栽和苔球吧！

先選花盆或先選苗都OK！

剛開始製作盆栽時，應該有不少人會猶豫……是要先挑選植物？還是先決定花盆？答案是：無論是何者在先，都OK。

如果在園藝店中發現了想要栽種的植物，可以先從挑選適合該植物的花盆開始，若要製作組盆，則需要考慮一起搭配的植物等。相反的，如果先發現的是花盆或器皿，則請挑選出能為容器突顯出長處的植物。而喜歡青苔的人，當然也可先從青苔的挑選開始著手。

盆栽，沒有所謂的正確解答。請發揮你的美感，製作出世界上獨一無二的盆栽吧！

獨特有個性的植物適合搭配造型簡單的花盆。

可以從山野或公園挖取植物嗎？

基本上是不可以從山野或公園等挖取植物的。若是有地主的私有地，先取得同意後再挖取。

挖取植物帶回家時，為了不讓根部裸露，以鏟子將周圍的土也一起挖起。同時也要觀察植物的生長環境，是無日照或日照充足？土壤的潮濕程度又是如何？若能掌握這些要點，在製作盆栽時就不會失敗。

如何取得植物苗？

在園藝店等皆有販售。近年來，連一般居家用品店也多有設置山野草的專區，種類豐富又齊全。若到了鄉村近郊，也時常可在特產店、休息站、農產銷售店等，找到由當地的農家直採直售的植物苗。

如果無法就近購買，只要在網路上搜尋，就能找到相當多山野草的網路專賣店，也常可以在這些專賣店中找到一般店面不常見的稀有植物。

將一株一株購買來的苗作成組含盆栽。

試著同時製作多個盆栽吧！

如果喜歡的盆栽只有一個，容易因為太過在意，反而施給過多的水，或擺設在室內的時間變長等，造成植物衰弱。因此，同時培育適當的株數，每天讓不同的盆栽輪替裝飾家中吧！

建議可以製作七個盆栽。不僅一週七天每天都有不同的盆栽可以欣賞，而且也能減少植物的負擔。沒有必要一口氣就製作七個，可以漸進地增加數量。

如何挑選植物

挑選有著健康綠葉的苗

挑選有旺盛長勢，無病蟲害，沒有變黃或枯萎葉片的健康植株。疾病與害蟲易藏身在葉片背面，因此也要仔細檢查。

依照花盆的尺寸大小或想搭配的植物，來挑選植株的大小。如果是會開花的植物，可在開花期中，或開花期前，選購結有多數花苞的植株。

選購結有多數花苞的苗。

枝條彎曲的樹木，散發出自然風情。

有長勢、葉色濃綠的樹木

與選擇草花的方式相同，挑選有旺盛長勢，無病蟲害，葉色濃的健康植株。因為苗木有各種大小尺寸，枝葉型態也各式各樣，挑選時可能會猶豫，不知該如何是好，但原則上，只要想像與花盆、其他植物作搭配後的樣貌，並選擇自己想栽種的苗木即可。枝條彎曲的苗木，能營造出自然的表情，適合用來製作盆栽。

容易取得的是大灰蘚和山苔

大灰蘚和山苔在園藝店和居家用品店等皆有販售，網路上也有眾多的專門店。只是，店面上並非隨時都有庫存，建議在出發前先與店家作確認。在店面選購時，葉色若呈茶色表示已經乾枯，要選擇葉色呈現鮮綠色者。如果是要製作苔球，建議可挑選已經形成一整片的大灰蘚，但依照用途也有使用山苔的情況。

挑選帶有水嫩鮮綠色澤的青苔。

剩餘的青苔如何處理？

大量採購時，多餘的青苔可以作保存備用。為了讓青苔處於隨時能使用的狀態，先在花盆中放入土壤，並將青苔置於土壤上，放置在半日照場所中管理，若土壤變乾燥，就施給足夠的水分。青苔其實相當耐乾燥，即使變乾，只要澆水就能再度蓬鬆復甦。

單一品種的草盆栽

使用單一品種的盆栽，是最適合入門的第一盆。建議挑選強健且容易栽培的植物。最後只要在植株基部鋪上青苔，就能輕鬆簡單地製作出極具風情的草盆栽。

準備的材料

- 野紺菊
- 山苔
- 花盆（直徑10cm×高5cm）
- 盆底網
- 固定用鐵絲
- 三爪耙
- 土壤（赤玉土・鹿沼土用1：1的比例均勻混合・專用土「夢想」）
- 盛土器
- 竹筷
- 剪刀
- 鑷夾

1 以手捏壓野紺菊的黑軟盆，使盆中固結的土壤變鬆軟，一邊將苗推出。

2 去除根團的土壤，並將根部稍微弄鬆。

3 若根部有糾結纏繞的狀況，以三爪耙將根團耙鬆，去除多餘土壤。

4 依照P.29步驟固定好盆底網後，加入混合了赤玉土・鹿沼土的土壤，用量要足夠覆蓋住盆底。

5 一邊想像成品的造型，一邊放入野紺菊。若讓植株向左或右傾斜，會比直立更能帶來自然的氣息。

6 在植株周圍填入赤玉土・鹿沼土，並以竹筷輕戳，讓土壤自然落下填滿縫隙。土壤表面高度低於花盆邊緣約0.5公分。

7 將稍微弄濕後的專用土平鋪在土壤表面。

8 均勻地覆蓋住整體後，以手指從土壤表面用力下壓，使根部與土壤密合。

9 將山苔修剪成適當的大小，並以剪刀修整背面茶色的部分，同時為了方便種植，將厚度修薄。

10 將整理過的山苔放置在土壤表面，並以鑷夾用力下壓固定。

11 空隙處塞進剪成小塊的青苔，讓整體沒有空隙，均勻覆蓋住土壤。

完成了！

從夏天到秋天，會開出淡紫色花朵的野紺菊，耐暑性、耐寒性較強，相當適合初學者。茂密帶有圓弧的青苔，營造出山野的萬縷風情。栽種場所為全日照至半日照處。

水邊的盆栽

喜歡河邊或水池周圍等潮濕環境的草花，如果能注意水分的保持，也同樣能以盆栽來欣賞。能為炎炎夏日帶來清涼舒爽的氣氛。

準備的材料

- 白鷺莞
- 大灰蘚
- 花盆（直徑8cm×高5cm）
- 盆底網
- 固定用鐵絲
- 土壤（專用土「夢想」）
- 剪刀
- 鑷夾

1 將白鷺莞從盆中取出。水邊植物有時會以水苔來取代土壤。若是土壤，以手捏壓黑軟盆，一邊將苗推出。

2 若是水苔，以手將下半部拔除。為不讓根部受傷，不需使力就能拔除的範圍即可。若是土壤，讓土壤自然掉落的程度即可。

3 在排水孔上固定盆底網（P.29）後，放入輕微弄濕的土壤，用量要足夠覆蓋住盆底。

4 以手將植株基部的周圍稍微撥開，如此一來當植株種進花盆中時，葉片會自然地向外展開。

5 將白鷺莞放入花盆中。

6 將土壤均勻地填進花盆中，植株與植株間也要確實地加入土壤。

7 整體都填滿土壤後，以手指用力下壓，使根部與土壤密合，並讓土壤高度低於花盆邊緣約0.5公分。

8 依照花盆大小修剪大灰蘚，並以剪刀修整背面茶色的部分，為了方便栽種，將大灰蘚的厚度修薄。

9 青苔上有時會摻雜樹葉或雜質等，仔細清除乾淨。

10 將剪成小塊的青苔分成數次覆蓋住土壤，擺放時要留意不要讓青苔鬆散。

11 以鑷夾捏夾青苔，將青苔植入土壤中。若有茶色枯萎的部分，則塞進花盆內。

完成了！

白鷺莞從夏天到秋天，會開出猶如飛舞中的白鷺的花朵，因此得名。放置在全日照至半日照處栽培，並多加留意植株是否有缺水狀況。如果擺設在裝有水的器皿中，不僅可防止缺水，也能營造出水邊的自然氛圍。

苔球＋單一種植物

以青苔包覆住植物基部的苔球。將兩種類的土壤均勻混合，揉捏成圓球狀，再以線牢固地綁緊。若能掌握製作步驟，其實並不困難。

準備的材料

- 花葉地錦
- 大灰蘚
- 土壤（泥炭土・專用土「夢想」）
- 鐵絲（粗線徑。若非懸掛式，則不需準備）
- 剪刀
- 線（縫紉線等強度高的線）

1 以手捏壓花葉地錦的黑軟盆，使盆中固結的土壤變鬆軟，將苗取出。去除多餘的土壤。

2 泥炭土與專用土以1：2的比例，加入少量的水均勻混合後，揉捏成圓球狀。

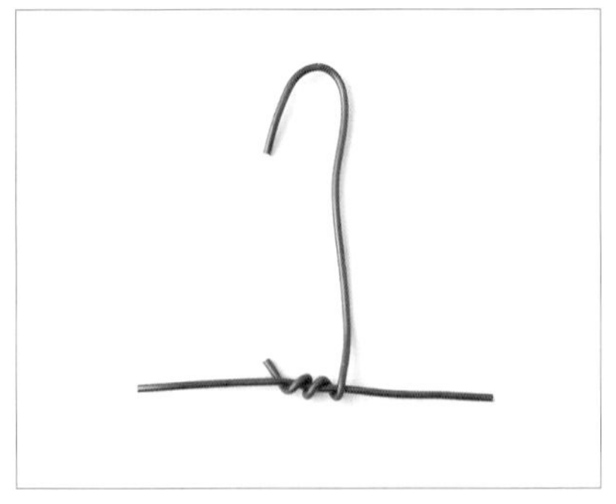

3 準備15公分的鐵絲，並分剪成5公分與10公分。將10公分鐵絲的一端凹摺成U字形，另一端則在5公分鐵絲上纏繞三圈並固定。

4 將步驟3的5公分鐵絲的一端，插進花葉地錦的根團。

5 繼續將鐵絲插入，直到苗木與鐵絲的U字形呈平行為止。將過長的5公分鐵絲的兩端，彎摺進土壤中。

6 將步驟2的土壤，逐次少量地貼附在根團上。

7 土壤覆蓋住整體後，揉捏成圓球狀。像捏飯糰般輕輕施力，讓根部與土壤牢固地密合。

8 準備一大張足以將步驟7的土團整個包覆住的大灰蘚。以剪刀修整背面茶色的部分，並將厚度修薄。

9 在青苔任一邊的中央處，以剪刀剪出一道開口。讓開口兩端包夾住植株基部。

10 青苔將土團完全包覆後，以手施力壓緊，使青苔與土壤密合。

11 利用線將苔球不停地纏繞。縱向、橫向、斜向，施力將線朝各個方向拉緊，最後形成如硬球一般。

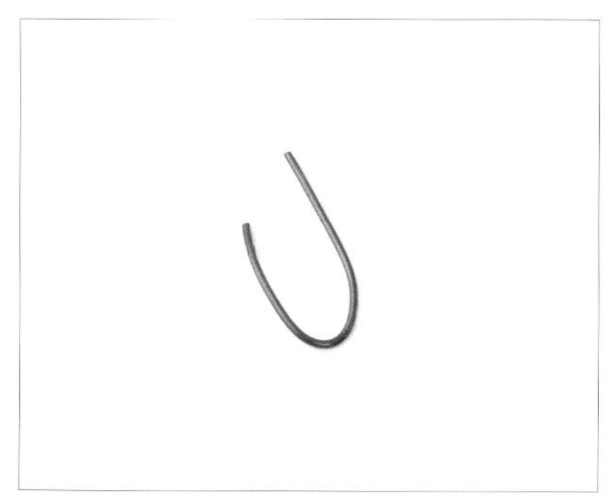

12 將鐵絲剪成2公分長，並凹摺成U字形。

13 將線頭打雙死結固定在U字鐵絲上。鐵絲插入苔球中固定，此時要留意線是否有變鬆。

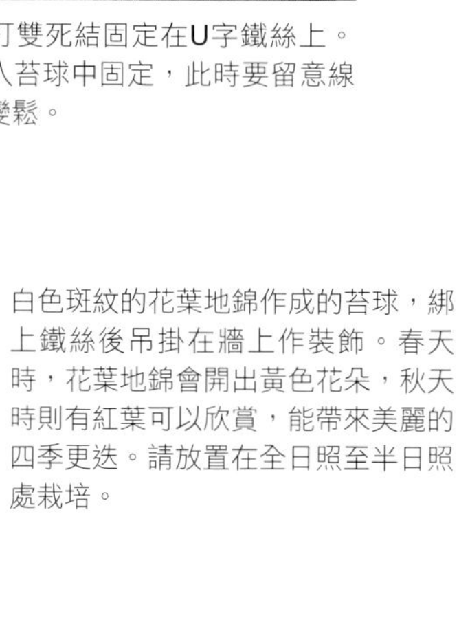

白色斑紋的花葉地錦作成的苔球，綁上鐵絲後吊掛在牆上作裝飾。春天時，花葉地錦會開出黃色花朵，秋天時則有紅葉可以欣賞，能帶來美麗的四季更迭。請放置在全日照至半日照處栽培。

草花的組合盆栽

楚楚可憐的纖細野花，即使只有一個品種就已經很美麗，但若能將相同開花期的植物搭配作成組盆，更能增添華麗。如果挑選多年草花，每年都有花朵可以欣賞。

準備的材料

- 那智泡盛草
- 筑紫唐松草
- 花盆（直徑10cm×高7cm）
- 盆底網
- 固定用鐵絲
- 土壤（赤玉土・鹿沼土以1：1的比例均勻混合）
- 裝飾石頭
- 竹筷
- 盛土器

1 以手捏壓那智泡盛草的黑軟盆，使盆中固結的土壤變鬆軟，將苗取出後，去除多餘的土壤。

2 筑紫唐松草也同樣以手捏壓，使固結的土壤變鬆軟，將苗取出後，去除多餘的土壤。

3 在排水孔上固定盆底網（P.29）後，加入混合了赤玉土、鹿沼土的土壤，用量要足夠覆蓋住盆底。

4 讓兩植株的基部高度對齊後，用力使其密合。

5 想像完成後的樣貌，並考慮盆栽的正面位置後，將密合的兩植株放入花盆中。

6 在植株的周圍加入混合了赤玉土、鹿沼土的土壤，並將空隙填滿。

7 以竹筷輕戳數次，使土壤自然落下，讓根部與根部間的細小縫隙也被填滿。

8 以手指用力壓土壤表面，使根部與土壤密合，並讓土壤高度低於花盆邊緣約0.5公分。

9 在土壤表面鋪上裝飾石頭，並使其與花盆邊緣同高。

10 將緊密靠在一起的兩植株，輕柔地以手撥開，調整整體的外型。

完成了！

在初夏會開出猶如白色棉花糖花朵的那智泡盛草（左），楚楚可憐桃色小花的筑紫唐松草（右）。此兩種多年草花，都散發著野花的細緻優雅風情。日照強的夏季，放置在半日照處栽培。

樹木與草花的組合盆栽

想嘗試樹木類時，建議可從容易栽培，且有美麗紅葉的楓樹來著手。若再搭配上會開花的野草，當花期結束時，正好楓葉開始轉紅，就能有較長的觀賞期。

準備的材料

- 楓樹
- 姬玉簪
- 鵝河菊
- 花盆（直徑12cm×高5cm）
- 盆底網
- 固定用鐵絲
- 土壤（赤玉土・鹿沼土以1：1的比例均勻混合、專用土「夢想」）
- 竹筷
- 剪刀
- 鑷夾

1 以手捏壓黑軟盆，使盆中固結的土壤變鬆軟，將苗取出，並去除多餘的土壤。

2 如果樹苗中有數枝小苗，將其分開成兩半。為不傷害到根部，能自然分開的程度即可。

3 讓鵝河菊、楓樹的其中一半，基部的高度對齊。

4 從上方確認整體的配置是否均衡後，讓姬玉簪的基部高度與其他植株等高，並以雙手讓三種植物的苗緊密靠攏。

5 在排水孔上固定盆底網（P.29）後，加入混合了赤玉土、鹿沼土的土壤，用量要足夠覆蓋住盆底。放入步驟4的苗，此時要小心不要讓形狀崩壞。

6 注意整體是否均衡，在適當的位置放入另一半的楓樹苗。

7 在本頁中，刻意讓苗與步驟5中的楓樹朝相反的方向展開。

8 在植株的周圍加入混合了赤玉土、鹿沼土的土壤，以竹筷輕戳，使土壤填滿根與根之間及整體的空隙。

9 進行步驟8後，若土表高度降低，添補少量土壤。以手指向下壓，使根部與土壤密合。

10 讓土壤表面的高度低於花盆邊緣約0.5公分，預留種植青苔的空間。

請見下一頁

接續上一頁

11 將稍微弄濕後的「夢想」覆蓋住整體表面後，以手指下壓。為了製造出高低差，特意在後方添放多一些土壤，增加高度。

12 將山苔修剪成適當的大小，並以剪刀修整背面茶色的部分，厚度變薄會比較容易移植。

13 從盆栽正面，逐次少量地鋪上山苔，並以鑷夾用力下壓固定。

14 盆栽的背面，利用一大片的山苔覆蓋住土壤。

完成了！

正面小塊小塊的山苔相連並排，背面則是一大片，營造出截然不同的表情。花多點心思，就能讓一個盆栽同時呈現出豐富多樣的景色。

從側面看就能發現後方的高度較高。在盆栽中製造高低差，也是營造出自然氣息的技巧之一。

姬玉簪（左）、鵝河菊（中央）從初夏到夏天會開花，進入秋天，後方的楓樹會漸漸轉紅，是個能長時間玩賞的組合盆栽。放置在全日照至半日照處栽培，並多加留意植株是否發生缺水狀況。

變化豐富的苔球

花盆可以栽種植物，苔球一樣也能栽種各式各樣的植物。能營造出與花盆不同，屬於苔球特有的素雅風情，請務必製作看看。

苔球有豐富的玩賞方式

本書中所介紹的植物多半可用來製作苔球。會開花的樹木、山野草，能與青苔的素雅風情相互襯托，相當適合一起作搭配。樹木類如：山繡球花、有花和果實可玩賞的越橘等，草花如：筑紫唐松草、姬玉簪等，初學者也種得活的植物。將不同開花期的數種植物栽種在一起，就能增長觀賞的期間。

苔球若只搭配單一種類的楓樹或連香樹，當葉片尚未轉紅仍是綠葉時，整體雖然簡單低調，卻能帶來清爽水潤感。此外，讓人感到意外的是，像馬拉巴栗、鐵線蕨等常見的觀葉植物，若製作成苔球，就會飄溢出日式和風的氣息呢！

如果作成苔球的植物枯萎了，可以將剩下的苔球，扦插樹苗或播種，培育新的植物。建議可以使用容易扦插的鼠尾草、有下垂的藤蔓和花朵可欣賞的牽牛花等。

將藤蔓植物作成苔球，綁上掛勾後懸掛在壁面。輕垂的藤蔓所製造出的陰影，給人涼爽的印象。

即將開花的少花蠟瓣花的腳邊，種了小巧可愛的雪割草。洋溢春天氣息的華麗組合。

Part 3

盆栽的栽培與管理

正因為是自己作的盆栽，所以更想用心去栽培。
但是，不單只有盆栽，我想應該有不少人會想：
「之前種的觀葉植物都枯死了……」
「以前沒種過植物，所以有點擔心……」但，請放心。
本章將針對盆栽的培育及管理方式作詳盡的解說。
祕訣就在於仔細觀察及相信植物本身的力量，
因為我相信盆栽本身就是種自然的表現。

基本的培育方法

說到栽培管理，可能會給人複雜困難的印象，但其實植物和我們相同，都是生物，而水分與日照對植物而言，就如同我們的食物。平時就像照顧家人一樣，每天給予植物們細心的照顧吧！

站在植物的立場來思考

植物和我們一樣都是生物，透過照射日光、吸取空氣、根部吸收水分，才得以維持生命。就如同我們沒有食物就無法生存，吃太多又會不舒服，如果長期待在陰暗的房間，會把身體搞壞一般。

如果不知道該如何照顧時，就換成植物的立場來思考吧！

了解植物生長的自然環境

要讓草盆栽的植物，能長期玩賞的祕訣就在於，打造出該植物喜好的生長環境。平時固定將盆栽擺放在接近植物原有生長環境的室外，只有在需要裝飾的時候，才移動至室內。

擺放在室內的時間為一天之內，隔天請務必放回室外。

仔細觀察植物

如果每天觀察盆栽，就能了解其中的各種變化，如：土壤的乾燥程度、植物的莖葉的彈性、色澤等，而且也能早期發現病蟲害，並在病症尚未擴散之前就早期對應。

當植物看似枯萎時，是因為缺水或疾病而枯萎，或因為入冬所以葉片自然掉落等，若每天都有仔細地觀察，我相信必能掌握發生的原因。

剛完成的盆栽就如同小嬰兒一般

當自己第一次親手種出盆栽時，應該會很開心，會想馬上將作品擺飾在房間中。但其實，被換到新環境、根部被移動的植物，就如同剛出生的小嬰兒般嬌弱。因此，不要擺放在室內，或馬上就放到日照強烈的室外，而是將盆栽擺放在屋簷下等明亮無日照處，約一星期至十天，注意水分的管理，同時觀察植物的生育狀況。若期間都沒有發生枯萎或衰弱的現象，就可以移動到日照充足的場所。

擺放在室外時的重點

多數的山野草喜歡的是，一半時間有太陽照射，一半時間無日照的「半日照」環境。

若是朝南或西方的場所，避免直接擺放在折射強的水泥上，可平鋪上木板，或放置在棚架上。

夏天時因西曬強烈，可利用遮陽簾來緩和。並且也要避免擺放在冷氣室外機的風口處。

擺放在室內時的重點

避免擺放在整天都無日照的場所，能照射到陽光的場所，如窗邊、會透光的蕾絲窗簾旁等，最為恰當。比起密閉空間，通風好、空氣自然流通的環境更適合植物，但要注意勿放置在冷氣的出風口。

各個季節的管理重點

植物在春天長出新芽，冬天時落葉並開始為新的芽作準備，植物就是在這樣的自然週期下日益成長。請先理解各個季節時植物的狀態，並在最適當的時機給予照顧。

甦醒及芽動的季節

冬季休眠的植物，到了此季節，紛紛長出新芽，花苞綻放出花朵。為了替植物補充接下來枝葉生長用的養分，施給適度的肥料。冬季時澆水的頻率少，但到了春季要每天觀察，並適時給予水分。強風的日子，容易乾燥，需要特別注意。

早晚澆水，防止缺水狀況發生

早晨及傍晚一天澆水兩次，並要留意是否有缺水狀況發生。夏季的西曬對盆栽的植物而言過於強烈，建議可利用遮陽簾等製造出陰涼處。

夏季是植物生長旺盛的季節。盡量避免會傷害到根部，或剪斷根部的增換盆或定植。

進入休眠前的準備期間

有部分植物的開花期是在秋季，如果當花朵和葉片開始枯萎，植物的長勢減弱時，就可以開始進行冬季的準備。

此季節也是進行修剪的最適當時期。此外，為了讓根部在休眠期時有足夠的營養可以茁壯，施給肥料，稱為「禮肥」，用量可以比春季時多。

注意霜害・減少澆水頻率

山野草中耐寒性強的品種甚多，只要是不會淋雨，也不會結霜的場所，即使是冬季，放置在室外也沒有問題。對大部分植物而言，冬季是休眠期，因此兩至三天一次，土壤變乾後再澆水即可。是適合多年草的強剪，或增換盆的季節。

什麼時候澆水最恰當？

植物如果沒有水，就無法生存。但施給過多也不行。依照栽培環境、各個季節與氣候的不同，澆水的時機也會有所變化，但基本原則是「土壤變乾後，施給充足的水分」。

◆判別植物和土壤的狀態

栽種在小花盆裡的盆栽，因為土壤少，如果忘記澆水，即使只有一天也有可能會出現缺水現象。雖說如此，但如果當土壤還潮濕，卻依然不停澆水，根部長期浸泡在水中，就會導致根部腐爛。重要的是要每天仔細觀察植物和土壤的狀態，當土壤表面變乾時，就是澆水的適當時機。

◆注意勿澆水過多

若土壤長期處於潮濕的狀態，會導致根部腐爛，植物枯死。仔細觀察土壤和植物的狀態，如果土壤依然潮濕或空氣濕度高時，就不需澆水。花盆的水盤如果有殘水，也會造成根部腐爛，因此澆水後，務必將水盤中的水清除乾淨。

植物本身具有適應環境的力量，當水分不足時，會自己捨棄葉片等，因此，如果猶豫不知是否該澆水時，就暫時先不澆，先觀察植物的狀況。

◆春秋冬季上午澆水，夏季早晚兩次

春・秋季時每天觀察，如果土壤變乾，在上午澆水。冬季時兩天至三天一次，也一樣是在上午。

必須要特別留意的是夏季的缺水。盆栽如果缺水，葉片會很快地就乾枯捲縮，或出現葉片燒焦的狀況。早晚各一次給予充足的水分，能防止缺水現象發生。但如果在大白天澆水，反而會造成盆內潮濕悶熱，因此務必選在涼快的時間再來進行。

◆要思考「植物是從哪裡吸取水分？」

有些人以澆水壺從植物正上方灑水，土的表面一旦變濕，就不澆了……此種作法，水分是無法送抵根部的。要讓水分真正能送達根部，必須在植株基部的周圍確實地澆水，直到餘水從盆底充分地排出為止。植物在某程度上能從葉片吸收水分，因此也可利用澆水壺或噴霧器在葉片上噴水，施給「葉水」。

澆水的工具

如果能備齊下述的三種工具，就能依照盆栽數量、使用目的等來變換，會更加便利。

澆水壺

蓮蓬頭狀噴嘴朝上，讓水像下雨般灑在葉片和土壤上。分兩至三次，直到土壤充分吸收水分為止。

注水器

若是小型盆栽，以注水器直接澆水在植物基部也OK。施給充足的水，直到餘水確實地從盆底排出為止。

噴霧器

在用來裝飾前，在葉片上噴灑水分，能讓葉片看起來有潤澤，同時也有洗去灰塵或害蟲的效果。

肥料真的有必要嗎？

山野草儘管只有少量的肥料，也能健全生長，因此不需過分擔心。但如果想讓它開出漂亮的花朵，或結出果實來觀賞時，建議可在春　秋季時施給肥料。

◆肥料並非絕對必要

在自然界中，枯葉乾草會腐化成腐葉土，形成養分，因此儘管沒有肥料，植物一樣能健全生長。但到了盆栽中，沒有了自然界的養分，若想讓植物在隔年也能呈現出漂亮的姿態，就有必要施給肥料。

雖說如此，但其實就算不施肥，植物會為了順應少肥的環境，而自己減少花朵等，但依然還是能夠生長，並不會因為缺少肥料，就發生枯死的狀況。

◆施給的時機為春季＆秋季

利用購買的苗所作出的盆栽，第一年時因為根部和土壤仍留有肥料的成分，因此不需施給。第二年後開始施肥，時機為春・秋季，一年共兩次。

春季的肥料是為了給予植物在接下來氣溫上升的季節裡有足以生長的養分。秋季施給禮肥，是為了替開花結果後的植物們補充養分，以及為了讓植物在隔年也能以健康的狀態來成長。

◆過多的營養會導致疾病

人類如果營養過剩，會出現生活習慣病等各種疾病，植物也相同，若施給過多肥料，會帶來疾病，或出現肥傷，甚至讓植物枯死。也會造成蟲害。山野草是屬於少肥也能生育的植物，因此建議肥料可稍微減量。

◆不能施肥的季節

如果春季忘記施肥，到了秋季再施肥即可。因為若是在炎夏中給植物肥料，會造成肥傷，因此請務必等到天氣變涼後再施給。增換盆後、正在開花或結果實時，也不要施肥。有部分植物需看植株狀況，來決定是否於冬季時施給寒肥。

當植物看似沒有元氣時，往往會想給它肥料，但此作法反而容易造成植物更加衰弱。

施肥的方式

施給固體或液體的化學肥料。若施給有機肥料，在裝飾時容易出現異味，因此盡量避免。

使用固體肥料時，若是直徑10公分×深度4公分的花盆約使用三粒，沿著花盆邊緣等間距將肥料埋入。每當澆水時，肥料成分會少量地被溶出，能長時間有效。進入秋季後，如果已經超過肥料包裝上所記載的持效時間，可重新放置新的固體肥料。

（上）種植在苔球或蛇木板上時，使用液體肥料。依照包裝上記載的規定量，在澆水壺中加入肥料，充分與水混合後施給。因為液肥沒有持效性，建議在春秋季時每隔一星期至十天施給一次。

如何防治疾病&蟲害？

疾病和蟲害的發生，正是植物在告訴我們，栽培的方法、放置的場所並不適合。重新檢視平日的照料方式吧！此外，若在初期就能發現，以簡單的方法就能對應，因此日常的觀察是相當重要的。

◆重新檢視日常的管理方式

山野草與經過品種改良過的觀葉植物不同，較不容易發生疾病。但就如同人類一般，當日常生活方式有某些問題時，就會有生病的可能。沒有日照、通風不良、排水性差、營養過剩等環境，容易導致病蟲害的發生，要特別留意。

當發現病蟲害時，處理的鐵則是——迅速將植物移動至室外通風良好的場所。

◆仔細觀察，讓傷害降到最低

如果每天仔細觀察，就能早期發現蝴蝶或蛾的蟲卵，也能在害蟲仍少量，在傷害尚未擴大前儘早採取對策。剛長出的新芽，尤其容易成為害蟲的目標，要小心留意。

一旦發現害蟲，將有害蟲的葉片拔除就沒問題。但若是蟲害已擴散，可利用市售的殺蟲噴霧劑來噴灑。

當發現疾病與害蟲時

幾種常見的害蟲，
先來掌握會帶來什麼樣的傷害和疾病。

蚜蟲
容易發生在新芽時期。附著在花或莖的整體，群聚擴散，吸取汁液。

葉蟎
寄生於葉片背面，吸取汁液。被吸取的部位為變白，若蟲害擴大，會落葉甚至植株枯死。

介殼蟲
在枝條或花莖上出現類似貝殼形狀的幼蟲，吸取汁液。若蟲害擴大，枝條甚至會乾枯。

毛蟲
食欲旺盛，能瞬間將莖葉啃食乾淨。一旦發現，馬上進行捕殺。

切根蟲
棲息於土壤中的蛾的幼蟲。夜間會啃食接近地面的莖部、根部，導致植株枯萎。

蛞蝓
啃食嫩葉、花苞、花朵。容易出現在梅雨季節及潮濕的環境。

白粉病

葉片與莖部的表面出現像白色粉末般的白色斑點，若病症擴大，枝葉會變形且落葉。

黑點病

葉片上出現黑色斑點，該葉片會逐漸褪色成黃色或紅色，最後甚至掉葉。

使用藥劑

發現病蟲害時，在室外為植物整體噴灑藥劑。葉片背面也要確實。

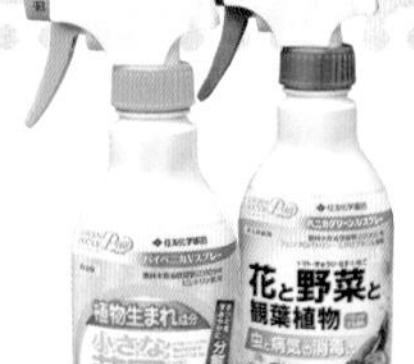

（右）Benika Green V Spray／住友化學園藝，成分：芬普寧 邁克尼，藥效強，能殺蟲且殺菌。（左）Pai Benika V Spray／住友化學園藝，成分：百滅寧，天然成分的除蟲菊精，噴灑後分解速度快。

如果植物沒有元氣該怎麼辦？

山野草是擁有強韌生命力的植物。即使乍看下已經枯死，但只要莖或根部依然存活，就有相當大的復活可能性。因此請先別放棄，試著給予恰當的照顧吧！

◆澆水過多

首先，請先思考為何植物會喪失元氣。初學者最常發生的狀況就是，施給了過多的水。你是否也是沒有先確認土壤狀態，而每天持續地澆水呢？如果是，請停止澆水，先將植物放到室外無日照的場所，暫時進行觀察。

如果長勢一直沒有恢復而且枯萎，這代表著根部已經出現了腐爛狀況，要讓它復活是不太可能的。

◆因季節轉換而自然枯萎

落葉樹與多年草，基本上隨著秋意漸深，長勢會逐漸變弱，入冬後，會開始掉葉且枯萎，最後進入休眠期。

如果每天都有細心在觀察，而且植株也一直保持健康，那就請將此現象想成是進入了冬季的準備。減少澆水頻率，約兩至三天一次。若是秋天，可以施給肥料，幫助隔年的生長。

◆長期擺放在室內

植物若長期擺放在室內，會喪失元氣，雖然不至於枯死，但葉色變淡，或出現枝葉瘦弱向上徒長的現象。

此時，千萬不要因心急就將植物放到日照強烈的場所，先在無日照處放置約一星期，等恢復元氣後，再放回日照充足處。

◆放置的場所並不符合植物的生長環境

你是否將喜歡乾燥的植物，放置在潮濕的場所，或將喜歡潮濕環境的植物，卻放在日照過於充足的地方呢？還是，植物被放在冷氣室外機的排風口處，一整天都被吹著風呢？這些都是可能的因素。

先掌握最適合該植物的生育環境後，替植物改變擺放的場所，或裝設遮陽或擋風的用品，來調節日照和濕度吧！

不要馬上丟棄

植物的生命力其實超乎人類的想像。即使看似枯萎的植物，莖或根部卻可能還存活著。因此先別丟棄，在下一個春天來臨之前，請持續澆水。

請先別施給肥料

看到植物變衰弱，就慌張地施肥，並放到大太陽底下，此種作法就像是給病人喝營養劑，再要病人馬上到室外曬太陽一般。

請先不要施肥，先將植物放置在室外的無日照處，暫時觀察植物的狀況。即使植物已經恢復元氣，但如果季節並非是春天或秋天，就不需要刻意去施給肥料。

看似已經枯萎的繡球花，若仔細看，會發現莖部仍有綠色的部分。將枯葉拔除，並將枝條或莖部乾枯的部分剪除，完成後放置在無日照處，讓植物休養。

如果枝葉變長了，該如何處理？

樹木類的枝幹過長、山野草的葉片過於繁茂密集，當整體比例已經不均衡協調時，就來進行枝葉的修剪吧！變清爽後，不僅能讓通風變好，也能促進其餘枝葉的生長。

◆以正確的修剪方法來維持美觀

植物枝葉的生長與根部的大小成比例，所以種植在小花盆中的植物，並不會生長過大。也因此，修剪並非是一定必要的工作。

雖說如此，盆栽最大的目的就是為了要觀賞。為了能讓植物長期都維持在健康的狀態，同時擁有美麗的外觀，讓我們一同來學習，如何依照植物的種類，給予最適當的管理與修剪。

◆開花後，將殘花清除

開花結束後枯萎的花朵，會有損美觀，因此每當發現時，就將其摘除。櫻、梅等會結種與果實的樹木，如果養分集中到了種子與果實上，會導致隔年花數減少，甚至不開花，因此為了防止此狀況發生，有必要在結出種子與果實之前，就先將殘花摘除。但相反的，像越橘、千兩等觀果植物，就不需要將殘花清除。

◆進行修剪時要注意整體的平衡感

種植在小花盆中的植物，如果生長得過大，整體外型的平衡感會走樣，有損美觀。如果想讓整體的高度降低，將主枝（從最粗的枝幹中直接分枝出來的枝條）的頂部剪短。此外，如果有往相反方向伸展的枝條、同時有好幾枝都往相同方向的枝條、或妨礙其他枝葉生長的枝條等，將其進行整理與修剪。

剪除多餘的枝條，可讓養分集中至留存下來的枝葉，促進其生長。

清除殘花

開花結束後，將殘花以手摘除。

開花結束後的莖枝，以剪刀從基部剪除。

◆剪除乾枯的葉片

進入冬季，當多年草逐漸枯萎後，將植株的基部留下約數公分，其餘剪除。如此不僅能幫助新芽更容易長出，而且留存下來的老舊短莖，能減少強風和澆水過多對新芽的影響，具有保護新芽的效果。

枯萎或變黃的葉片如果不進行處理，不僅有礙美觀，也會成為病蟲害的溫床。因此每當發現時，就以剪刀將葉片剪除乾淨吧！

此外，有著細尖葉片的植物，如：白鷺莞，若葉片的尖端乾枯，以剪刀將乾枯的部位，斜向剪除即可。

◆讓通風變好

如果葉片或植株基部太過繁茂密集，陽光不容易照射到內部，濕氣也不易排出，內部悶濕，易成為病蟲害的溫床。

將密生重疊的枝葉作修剪，讓枝葉間有適度的空隙，不僅能讓外觀變清爽俐落，同時也能讓通風變好。

樹木的修剪

枝條重疊的部分，將粗枝留下，剪除細小枝。

將朝著植株內側生長的枝條剪除。

整理過後的狀態。外觀乾淨俐落，比例均衡，通風也變佳。

清除老舊葉片

枯葉、變色的葉片、被蟲啃食的葉片等，從基部剪除。

疏剪葉片

葉片過於繁茂密集的部分，適度地作疏剪，讓內部清爽，通風變好。

Management 06

如果植株長大了，該如何處理？

植株隨著成長，根部會在花盆中捲繞甚至糾結，造成水分難以被吸收的狀況，因此建議約三年進行一次增換盆。而且換到不同的花盆，也會讓人有耳目一新的新氣象。

◆約兩至三年進行一次增換盆

依照植物的種類會略有不同，但大致而言，因盆栽的花盆尺寸較小，大約經過兩至三年後，根部就會布滿整個花盆的內部。當根部已經長滿時，水分的吸收就會變差，會妨礙植株的生長，此時的基本對策就是增換盆。也可利用苔球、根團水栽等方式來作變化。

◆移植至尺寸較大的花盆

利用鑷夾或三爪耙將根團弄鬆，小心地去除土壤，並以剪刀將糾結的根部前端剪除約1公分。準備新的土壤，以第二章所介紹的定植作法和步驟，來將植株移植到較大的花盆中。換到大花盆後，植株也會隨之成長變大，因此如果希望植株維持原本的大小，建議採用原尺寸的花盆，或尺寸較小的花盆。

◆秋冬是增換盆的最佳季節

雖然說除了炎夏之外，一整年都能進行增換盆，但若有需要剪除根部，就必須等到冬季，植物的休眠期時，再來進行。之後當季節進入了植物生長的春季和夏季，此時若讓根部受損，可能會導致植物枯死，要特別留意。

增換盆後，給予充足的水分，並擺放在室外的無日照處約一至兩星期，讓植物休養。

◆移植至相同大小或較小的花盆

如果想要繼續欣賞迷你盆栽的美，建議可以利用相同尺寸、或小一吋的花盆。

此時同樣也是需要先將根團弄鬆，去除多餘的土壤，並依照花盆的大小來修整根部。之後，以定植的作法和步驟，在花盆中加入新的土壤，進行移植。

決定新的花盆

盆栽，不僅可以換到大的花盆，也能換到比現在更小的花盆。不同風情就能帶來不同樂趣。增換盆前，記得先決定新的花盆。像左方圖片般，以固結的根團和各式各樣的花盆進行「試穿」吧！

增換大盆的步驟

1 經過兩至三年以上，根部已經纏繞布滿整個花盆的內部，呈現出硬梆梆的狀態。

2 連盆底網和鐵絲也纏有細根，拉出後，以剪刀剪除。

3 將根團底部纏繞糾結的部分，以剪刀剪除。

4 利用三爪耙，將糾結的根團弄鬆，並去除舊土。

5 去土後，將過長多餘的細根，以剪刀剪除。

6 在花盆底部固定盆底網，並加入新土後，放入植株，以竹筷輕戳讓空隙減少。

7 加入土壤，讓土表高度低於花盆邊緣約0.5公分。以手指下壓，使根部與土壤密合。也可在土壤的表面鋪上青苔或裝飾石頭來美化。

完成了！

Management 07

苔球該如何照顧？

以土壤將草木的根緊密地包裹，並覆蓋上青苔，就成了苔球。能帶來與盆栽截然不同的魅力風情。苔球有獨特的栽培管理方式，讓我們一同來學習吧！

◆擁有高人氣的苔球

盆栽的塑造方式中，有一種被稱為根團水栽的方式。所謂的根團水栽，指的是將培育了數年後根部已經長滿的植株，將植株從花盆中取出後，讓根團維持裸露的狀態，直接放置在裝有淺水的器皿上。而原本所指的苔球，就是將裸露的根團以青苔包覆後而成，可說是根團水栽法的衍伸。

而現今，普遍常見且擁有高人氣的，並非是使用根團水栽的苔球，而是從零開始製作而成的苔球。

◆苔球很容易乾燥 要留意是否有缺水現象

常常可以在潮濕環境中看到的青苔，具有保水性。乾燥時雖然一點也不起眼，但如果帶有水分，就會變得豐嫩有潤澤，我相信這樣的美，你也應該經常看到。

苔球與一般盆栽不同，根部的外圍是處於裸露的狀態，水分蒸發比盆栽要來得快，所以需要特別留意。而且作成球狀，因接觸空氣的表面積變大，變乾的速度也快。如果重量比製作完成時要來得輕，就代表著苔球變乾燥了。

從花盆中取出根團後，擺放在平盤上的玩賞方式，稱為根團水栽。

◆放置在室外無直射日照的場所

與盆栽相同，除了觀賞的時間外，其他時間都放在室外。因為易乾燥，所以要避免直射的陽光，並在苔球底下墊器皿，請勿直接放在水泥上，而是要擺放在棚架或木棧板上。

夏季時的直射日照對青苔而言過於強烈，因此放置在明亮無日照的場所，或利用遮陽簾等來緩和。冬季時，因青苔的耐寒性強，即使結霜也不易造成傷害，但還是盡可能放置在不會冰凍的場所。

裝飾在室內時，盡量讓室內保持通風，大約放置半天左右，到了晚間就將苔球移動回室外。

因為包覆在根團外圍的是會通風且排水的青苔，所以比盆栽更容易乾燥。

◆夏季的澆水，早晚各一次

春・秋季時，於早晨或傍晚一天澆水一次。夏季時，因為容易乾燥，早晚各一次，一天共澆水兩次。此外，因夏季白天的氣溫高，如果在大白天澆水，易造成潮濕悶熱，甚至枯死，因此請務必選在涼快的早晨或傍晚再來進行。冬季時，因為青苔與種植在苔球中的植物都進入了休眠，所以兩至三天觀察一次，如果青苔變乾燥後再來澆水即可。

◆液體肥料要有所節制

苔球與盆栽相同，並不需要太多的肥料。如果要施肥，請等到製作完成之後的第二年的春・秋季再來進行。澆水時，將液肥加進澆水壺內，充分混合後施給。液肥雖有速效性，但效果並不持久，因此約一星期至十天進行一次。但要注意的是，勿施給過多。肥料過多容易導致疾病發生，或植株衰弱，因此要有所節制。

◆浸泡在水桶中

苔球因為表面包覆著青苔，因此，澆水時水分並不容易進入到內部。此外，一般盆栽可以從餘水是否從排水孔排出，以肉眼就能判斷水分的吸收狀況是否OK，但苔球卻有困難。

因此，建議可以將苔球浸泡在裝有水的容器中。放入時氣泡會不斷地冒出，等氣泡不再冒出後，就代表水分的吸收完畢。

當然也能利用澆水壺從上方給水，但水量需是一般盆栽時的兩倍，並且確實澆水，讓水分充分滲透至內部為止。

苔球的澆水｜確實澆水讓水分能充分滲透至內部為止。

浸泡在水中

將苔球浸泡在水中。氣泡不再冒出，即表示吸水完畢。當青苔特別乾燥時，建議用此作法。

以澆水壺澆水

確實澆水讓水分能充分滲透至內部。使用液肥時，將肥料與澆水壺內的水均勻混合後再施給。

去除多餘的水分

不論是用什麼方式，當充分澆水結束後，都需以手輕壓，去除多餘的水分。

哪些植物適合種在一起？

當製作組盆時，顏色、形狀等整體外觀是否均衡協調固然重要，但如果能考慮植物們的習性，選擇喜歡相同環境的植物來作搭配，不僅管理上容易，也能延長觀賞期。

◆選擇喜歡相似環境的植物

比如，將喜歡日照的植物，與喜歡陰暗的植物搭配在一起時，如果偏頗於其中一方的環境，就容易造成另一方難以生長。因此，挑選製作組盆用的植物時，必須注意的要點是，選擇喜歡相似環境的植物們。喜歡潮濕、或乾燥的環境，耐寒性、耐暑性的強弱等，也需要列入考慮。

◆以外觀是否均衡協調來挑選

先決定作為主角的植物。如果選擇的是楓樹，可搭配上高度較低的草花，製造出高低差，利用高低的效果襯托出主角。

向上直立生長的植物，如果與向下輕垂的藤蔓類植物一起搭配，能製造出生動的律動感，會相當地有趣。相反的，像白鷺莞等，讓姿態相似的植物們搭配在一起，就更能呈現出接近自然的樣貌。

◆能享受四季更迭的組盆

如果想讓一個盆栽能更長時間可以觀賞，建議可以利用紅葉期不同或開花期不同的植物來作搭配。若以秋天變紅葉的楓樹為主樹，此時若能搭配上春、夏季開花的草花，就能讓春天到秋天結束，不管哪個季節都能有豐富的表情可以欣賞。

◆從大自然中找尋搭配的靈感

在決定如何進行搭配組合時，除了可以調查植物的棲息地之外，如果能到野外，親眼去看植物群生在什麼樣的環境中，實際進行觀察，將會更加有幫助。而且到了野外，可能還會看到附生在岩石上的青苔旁長出了其他植物，草花從樹木的洞穴中冒出了新芽……我相信一定能發現許多搭配時的靈感與範例。

即使是附近的公園也長有許多的草花，總之，一起出門尋寶去吧！

從岩石上的青苔中長出了樹木及各式各樣的植物。如果能將生存在相同場所的植物搭配在一起，準沒錯！大自然就是個盆栽製作範例的寶庫。

以山繡球花為主角，岩石的四周生長著許多喜好陽光的植物，將這樣的景色重新呈現在盆栽中。

喜好日照的植物組合

白天一定要照射到太陽光，喜歡全日照至半日照環境的植物組合。雖然說喜歡陽光，但夏季時的日照對盆栽而言過於強烈，要特別留意。

楓樹（無患子科・落葉喬木）

入秋後葉片會轉變成鮮紅色。喜歡充足的日照，且適度潮濕的肥沃土壤。夏季的強烈陽光容易造成葉片燒焦，因此移動至半日照處，並留意是否出現缺水現象。建議在夏季時，可施給葉水。

＋

鵝河菊

（菊科・多年草）

有著像波斯菊的細小葉片，3月至11月會開出狀似小甘菊的粉紅或白色花朵。耐寒性、耐暑性較弱，春、秋季時放置於日照充足處，夏季時則在半日照處進行管理，冬季時則要避開會結霜的場所。

姬玉簪

（天門冬科・多年草）

小型的玉簪。6月至9月會長出直立的花莖，開出許多橫向綻放的淡紫色花朵。雖然喜歡日照，但夏季時建議利用遮陽簾來緩和豔陽。耐寒性強。植株高度約為30公分。另有葉片有斑紋的品種。

其他可以搭配的植物

- 桑葉葡萄（葡萄科・落葉樹）・Houstonia caerulea（茜草科・多年草）
- 石菖蒲（菖蒲科・多年草）

木蠟樹（漆樹科・落葉喬木）

10月至11月葉片會轉變成美麗的紅色。喜歡日照充足且通風好的環境。夏季午後的陽光若曝曬過多，葉片不易轉紅，建議以遮陽簾等來緩和西曬。因屬漆樹科，接觸後可能會引起皮膚紅腫發癢，若不習慣的人建議在作業時可配戴手套。

＋

野紺菊（菊科・多年草）

在日本各地自立生存的野菊，學名Aster microcephalus var. ovatus。7月至10月會開出淡紫或粉紅色花朵。耐寒性、耐暑性皆強，但夏季時仍建議以遮陽簾等來緩和。植株高度約30公分至1公尺。屬地下莖繁衍。

那智泡盛草

（虎耳草科・多年草）

日本和歌山縣原產，日本固有種的泡盛草。自立生存於山間溪谷沿岸的岩壁等。5月至7月會開出帶有微香的白色小花，花序如泡沫般因而得名。喜歡水分，因此要特別留意乾燥。耐寒性強。植株高度約20至25公分。

其他可以搭配的植物

- 山繡球花（繡球花科・落葉灌木）・笹龍膽（龍膽科・多年草）
- 屋久島胡枝子（豆科・落葉灌木）

喜好無日照的植物組合

雖然此處提到無日照，但如果沒有陽光，植物是無法生存的。因此務必在室外的半日照環境中栽培。半日照環境所指的是能照射到上午的陽光，或樹蔭下等有明亮光線的場所。

西洋兔腳蕨（骨碎補科・多年草）

蕨類植物，喜歡空氣濕度高的環境。不耐乾燥，請放置在半日照或明亮無日照場所中進行管理，並經常留意是否出現缺水狀況。常綠性，植株高度約15至30公分。若氣溫低於零度，將植株移動至室內。因屬附生植物，可以利用蛇木板來栽培。

＋

白石斛（蘭科・多年草）

小型蘭花，附生於山區的岩石與樹幹上。3月至5月會開出帶有微香的白色或淡粉紅色的花朵。不耐乾燥，因此需經常留意是否出現缺水現象。夏季時放置在明亮無日照場所，避免陽光直射。植株高度約5至25公分。

渡邊草
（虎耳草科・多年草）

日本固有品種，學名Peltoboykinia watanabei，分布於四國、九州的深山中。5月至7月會開出奶油色的小花。葉片邊緣有特別的深裂痕，光是葉片就相當令人玩味。耐暑性低，且不耐乾燥，需經常留意是否出現缺水狀況。植株高度約40至60公分。

其他可以搭配的植物

・油點草（百合科・多年草）　・伏石蕨（水龍骨科・多年草）
・紫金牛（紫金牛科・多年草）

大文字草（虎耳草科・多年草）

9月至11月會開出如大字形的花朵。突變種多，花色有白色、粉紅、紅色等，顏色的變化相當豐富。喜歡排水性佳，涼快的半日照環境。耐暑性不高，夏季時避免陽光直射，放置在明亮無日照場所中管理。植株高度約5至30公分。

＋

破傘菊（菊科・多年草）

自立生存在較為陰暗且乾燥的森林中，喜歡明亮無日照的環境。葉片如同破掉的傘，形狀特殊。冬季時會落葉，春季時再長出新芽。耐寒性、耐暑性皆強。植株高度約30公分至1公尺。土壤乾燥後施給充足的水分。

蓮花升麻
（毛茛科・多年草）

日本固有種，學名Anemonopsis macrophylla。自立生存在陰暗且濕度高的落葉林中。7月至8月會從植株基部長出花莖，花莖前端長有帶紫色的白色花朵，面朝下綻放。耐暑性稍弱，因此夏季時放置在通風好的無日照場所中管理。植株高度約40至80公分。

其他可以搭配的植物

・南天竹（小檗科・常綠灌木）　・斑紋木賊（木賊科・多年草）
・丹那泡盛草（虎耳草科・多年草）

喜好水邊的植物組合

自立生存於高地濕原、河川、水池、稻田周圍等水邊環境的植物。喜歡潮濕，但同時又有充足日照的環境。栽培時要留意不要讓植株缺水。

白鷺莞（莎草科・多年草）

耐高溫且多濕的環境，即使植株浸在水中也能生長。5月至10月莖桿前端會長出類似白色的花朵，其實並非花朵，而是稱為「苞片」的葉片，花朵則是被包覆在其中央。耐寒性稍弱，喜歡充足的陽光。植株高度約30至60公分。

＋

鷸草（有斑紋）（禾本科・多年草）

葉片細長而尖，且有白色的直線斑紋，夏季至秋季時斑紋會轉變成粉紅色。5月至9月花莖上會開出細小的花穗。耐寒性強，喜歡濕度高且日照充足的環境。屬地下莖繁衍，群聚叢生。

紅禾草（禾本科・多年草）

屬地下莖繁衍，且因繁衍力強，容易出現根部纏繞糾結的狀況。入秋後，細長的葉片會轉變成鮮豔的紅色。6月至7月會結白色的花穗。喜歡濕度稍微高且日照充足的環境。耐寒性、耐暑性皆強。植株高度約20至50公分。

其他可以搭配的植物

- 鷺蘭（蘭科・多年草）
- 彈簧草（燈心草科・多年草）
- 紅莓苔子（杜鵑花科・常綠灌木）

光千屈菜（千屈菜科・多年草）

水生植物，喜歡潮濕且充足日照的環境。7月至9月在莖桿前端上會長出花穗，開出濃粉紅色的花朵。莖桿筆直向上生長，如果是地植，植株的高度可達80至150公分，若是以盆栽種植，會較為小型低矮。耐寒性、耐暑性皆強。

＋

銅錢草
（繖形科・多年草）

水生植物，又名香菇草。明亮綠色的圓形葉片，狀似銅幣，因此而得名。6月至10月會開出小巧可愛的星型花朵。喜歡濕度高且日照充足的環境。植株高度約5至20公分。

姬石楠
（杜鵑花科・常綠灌木）

自立生存於高地濕原，喜歡濕度高且日照充足的環境。耐寒性強，但耐暑性不高，因此夏季時放置在半日照的場所中管理。6月至7月會開出狀似壺型，帶有圓弧的粉紅色花朵，低頭朝下綻放的模樣相當惹人憐愛。植株高度約10至20公分。

其他可以搭配的植物

- 白毛羊鬍子草（莎草科・多年草）
- 水木賊（木賊科・多年草）
- 野慈姑（澤瀉科・多年草）

草盆栽的栽培管理
12個月的行事曆

本行事曆針對每個月的栽培管理重點作介紹。選在最恰當的時機來進行定植、施肥、修剪等工作吧！

1月	將耐寒性低的植物移動至不受強風吹襲的場所。	防寒對策
2月	剪除枯枝。作業時要留意勿修剪到新芽。	
3月	植株的定植，增換盆、苔球的製作及重整。 施肥。並將秋季放的固體肥料清除，換成新的肥料。	定植・ 增換盆的 適當時期
4月	植株的定植，增換盆、苔球的製作及重整。 適時轉動盆栽，讓每一面都能照射到陽光。若開始開花，即停止施肥。	
5月	花朵盛開。會結果實的植物，若欲使其結果，開花後移動至不會淋雨的屋簷下。 而櫻、梅等不希望結出果實的植株，則在開花後將殘花剪除。	
6月	進入梅雨季後，因潮濕且日照不足，易發生病蟲害，注意維持良好的通風。 若發現病蟲害，盡早進行除蟲與殺菌。	
7月	繁茂密集的植株，適度進行修整，使通風變好。梅雨季過後，將耐暑性低的植物，放置在半日照、或明亮無日照的場所中管理，並以遮陽簾來緩和日曬。	防暑對策
8月	從梅雨季後，早晚各澆水一次。平日仔細觀察，若有葉片燒焦或根部腐爛的狀況發生，盡早採取對策。清除雜草與老舊莖葉，使通風變好。	
9月	夏季的高溫若開始逐漸緩和，將遮陽簾收起，並將植物放回原本的位置。 颱風來襲時，為防止傾倒，將盆栽擺放在低處。施給肥料為越冬作準備。	修剪的 適當時期
10月	將秋花的殘花剪除。趁尚未變冷前，進行植株的定植，增換盆、苔球的製作及重整。盡可能讓植株在白天能照射到充足的陽光。	
11月	楓葉等植物，葉片轉紅。植株的修剪，在葉片掉落後進行。	
12月	進入休眠期，減少澆水的頻率，約兩至三天一次即可，並停止施肥。 會開始結霜，因此勿將耐寒性低的植物直接擺放在地面上。	防寒對策

Part 4

變化豐富的盆栽造景

如果你已經掌握了盆栽的製作與栽培管理，
那試著來挑戰稍微有深度的盆栽造景！
譬如將植物栽種在蛇木板或石板上、或擺放在水盤上，
在組盆的整體比例上下功夫……或製作玻璃培養盒。
在盆栽的世界裡，
能自由創作的草盆栽，可是擁有相當多元的塑造方式呢！
本書最後的Q＆A和用語辭典也請務必仔細閱讀，
讓我們一同繼續來共享愉悅的盆栽生活吧！

配合花盆來挑選花朵

當你找到喜歡的花盆，接著就來為它挑選可以搭配的植物吧！如果能作出一個盆栽，既能展現花盆的魅力，又有四季都能欣賞的植物，我相信這個盆栽一定會讓人想更加細心呵護。

配合器皿來選擇植物

老舊的古董食器所醞釀出的氛圍，能讓剛作好的盆栽，看似已經經過了不少歲月，是相當好搭配利用的器皿。

為了要讓瓷碗上的藍色圖紋能充分展現出來，因此選用了一樣有著藍色的繡球花作為主花，並搭配上能襯托主花的其他植物。

兩株較高的楓樹，能替盆栽製造出高度，帶來猶如森林般的樣貌。而一旁的草花們，都各自擁有不同的花型和葉片形狀，營造出自然生動的氣息。

因為花朵的數量多，給人過於可愛嬌美的印象，所以刻意擺放上黑色的熔岩石，為整體帶來緊縮的效果。

利用配置方式製造出遠近效果

也許你會想，高度高的植物擺後方，低矮的植物擺前方，就能製造出遠近的效果。但其實這樣的配置方式，反而會給人平面的印象。如果能像圖片中的盆栽般，讓高度最高的植物在中央，而它的側邊及後方的位置，擺放上中等高度的植物，盆栽的正前方則是利用接近地面的低矮植物，或青苔，如此一來，從正面看不到的位置，也能窺見植物的存在，就能帶來自然的遠近效果。

讓植物看起來生動自然的技巧

要讓盆栽看起來更自然，還有其他的方法。例如：讓植物們群聚在一起，而一旁留下只有栽種青苔的空間；讓地面製作出高低差等。配置植物時，刻意讓植物偏離中央，或讓枝葉從盆栽的某一側延展而出，製造出左右不對稱的感覺，類似這樣的方式也是相當不錯的。

注意要點

看不見之處也不能馬虎

從正面看時不太明顯的野紺菊，在繡球花的後方綻放著花朵。如果連看不到的地方都種有植物，就能呈現出自然的遠近效果。

巧妙運用植物的大小對比

因為有楓樹的關係，讓其他植物顯得嬌小，讓空間的感覺也變寬廣了，彷彿就像是在森林裡一般。這正是運用了植物的大小對比，才有辦法呈現出來的景色。

從後方中央開始依照順時針分別是：楓樹、野紺菊、山繡球花、丹那泡盛草、屋久島胡枝子。鋪在土壤表面的則是山苔。雖然使用了多種不同葉片形狀、不同花色的植物，但因為器皿的圖紋和繡球花皆是藍色，讓整體呈現出了協調統一的印象。

找出草・樹的最佳比例

當已經決定好主要的植物時，接著來挑選可以襯托出主角的器皿和其他的植物。如果與較小的植物一起搭配，能讓整體看起來比實際尺寸更大。

能襯托出主角的
黃金比例

此處的盆栽選用了有著美麗枝葉的連香樹來當作主樹，為了強調出連香樹的高度，搭配上低矮的花盆。並且為了要讓連香樹看起來更高、更纖細俐落，將高度低矮的風知草栽種在下方。製造出「花盆：草：樹＝1：1：3」的黃金比例，讓整體看起來更美。

如果想要種植會開花的植物，會向側邊橫向生長的屋久島胡枝子等也會相當適合。

若是利用大花盆
整體的分量也要加大

同樣是以高度高的樹木為主樹，但使用的是較有深度的花盆時，在主樹旁種植高度約主樹的一半，如山繡球花等稍微高的植物，再搭配上紅葉地錦等，讓藤蔓能輕垂在花盆外，如此一來就能增加出分量感，讓整體外觀的比例均衡且協調。

葉色・形狀所帶來的視覺效果

在此處使用的連香樹有著圓形葉片，而風知草的葉片則是細長且尖，兩者雖然相當不同，但卻能互相襯托出彼此的美。

此外，因為連香樹、風知草的葉片皆為黃綠色，所以讓連香樹的紅色葉脈更為明顯。

讓葉片的顏色和形狀統一，或刻意使其截然不同，都能製造出讓盆栽看起來更美的視覺效果。盡量嘗試各式各樣的方法吧！

注意要點

黃金比例為1：1：3

當想要強調出有高度的樹木時，若能利用花盆高：草高：樹高＝1：1：3的比例，就能襯托出樹木的大小，呈現出最佳的美感。

欣賞不同形狀的葉片

連香樹的葉片是圓形，風知草則是細長且尖，相異的形狀帶來了有趣的變化。此外，因兩種植物的葉色相同，使得連香樹的紅色葉脈更為明顯。

連香樹搭配上小巧的風知草，營造出了視覺上的高度。大灰蘚平鋪在植物的腳邊。細長俐落的連香樹散發著時尚的氣息，相當適合西洋風的室內設計。

利用蛇木板

栽種在蛇木板或岩石上，是常見且受歡迎的盆栽造景方式。其吸引人的魅力之一是，可以吊掛在牆壁上、或直立著擺放，能呈現出與花盆不同的裝飾方式。

將生長在岩石或樹木上的自然樣貌重新呈現

蘭花的同類白石斛、蕨類植物的西洋兔腳蕨、伏石蕨等爬藤類植物，這些植物在大自然中，都是在岩石或樹木的青苔上紮根自生的附生植物。如果種植在蛇木板或岩石上，彷彿這些植物就像是自然地生長在上面一般，能營造出與花盆截然不同的風情與樂趣。

可以讓蛇木板直立，或穿洞裝上掛勾，吊掛在牆壁上。平放著擺設，也能帶來不同的表情呢！

種植在蛇木板時利用水苔代替土壤

製作方法是先將蛇木板平放，並擺放上一把潮濕的水苔。水苔具有相當優良的保水性，可代替土壤來利用。接著將白石斛的根部展開，覆蓋在水苔上。完成後，利用鐵絲從白石斛的上方穿過蛇木板，並固定在蛇木板的後方。最後在白石斛的根部周圍鋪上大灰蘚，並像製作苔球時一般，以線緊實地固定。

留意是否出現缺水狀況

蛇木板的通氣性佳，水分的蒸發要比花盆來得快，因此要特別留意。平時擺放在沒有直射的陽光，樹蔭下等明亮無日照的場所。春、秋季時每兩天澆水一次，夏季時則每天澆水。澆水時，將蛇木板放置在平坦的地方，以澆水壺給予充足的水分。肥料利用液肥，與澆水壺的水均勻混合後施給。

注意要點

以鐵絲固定在蛇木板上

在蛇木板的兩處穿過鐵絲，並在背面旋轉固定。植物的根部如果確實紮根後，即使沒有鐵絲也不會鬆落，因此固定時，以不會傷害到根部的鬆緊度即可。

裝釘在木板上會相當便利

只要在塗刷了油漆的木板上，裝上掛鉤，並掛上作好的蛇木板後，就能馬上裝飾在玄關等喜歡的場所，相當便利好用。

蛇木板上的白石斛，彷彿輕盈地飛跳了出來。搭配上西洋兔腳蕨，並以大灰蘚覆蓋住根部。附生植物如果栽種在蛇木板上，猶如本來就是生長在蛇木板上一般，充滿著自然的氣息。

根團水栽

以花盆培育了數年後的盆栽，將根團從花盆中取出，擺放在裝有淺水的器皿上，此種方式稱為根團水栽。比花盆更富有自然的野趣，且能讓心愛的盆栽延長玩賞期。

替根部糾結的植物延長觀賞期

盆栽從製作完成，經過了數年的培育後，植物的根部會長滿整個花盆的內部，出現根部糾結的狀況。如此一來，水分和養分的吸收就會變得困難，導致植株失去元氣、生病，甚至枯死。

為了要防止出現根部糾結的狀況，盆栽在製作後，大約經過三年，就需要進行增換盆，替植株重新作出讓根部生長的空間。或利用根團水栽的方式，將根團從花盆中取出，擺放在裝有淺水的平盤上。此兩種都是能為盆栽延長觀賞期的好方法。

根團水栽的製作方法

放在淺水中的根團，因處於浸泡在水中的狀態，所以土壤會從根部間漸漸被溶出。為了防止此狀況發生，在原本被花盆包覆的側面，利用揉和過後的泥炭土或專用土「夢想」來覆蓋，並在土壤的上面覆蓋上青苔，最後利用U字形鐵絲固定青苔與土壤，使其密著。

與盆栽相同，放置於室外進行栽培管理。只要能注意不讓水乾涸，根團水栽不僅通氣性佳，不需擔心夏季時的悶熱與燒焦，也不需擔心病蟲害。

正因為經年累月才有趣

根團水栽是利用經過了三年以上的老盆栽，而非新製作的盆栽，因此有著更為自然的魅力。此外，在根團上也時常會出現其他植物自然著地萌芽的情況。此時如果不要拔除，讓它繼續生長，更能創造出充滿野趣的姿態呢！

注意要點

塑形時注意整體比例

培育了長時間後，外觀會漸漸走樣變型。如果整體的比例不佳時，將生長過多過密的植物進行修剪，或將自然著地萌芽的草拔除，替整體的外型重新作修整。

側面包覆上青苔

根團的部分。側面覆蓋上泥炭土和青苔，並以U字形鐵絲固定。完成後，擺放在裝有淺水的水盤中。

三年前種的盆栽，變身成了根團水栽。後方是枹櫟，右為綬草，左為姬月見草。根團的側面包覆了大灰蘚。裡頭也有幾種自然著地生長出來的植物，整體充滿著野趣風情。

水盤・玻璃培養盒

如果將植物擺放在水盤上、或作成玻璃培養盒來裝飾，會讓房間的氣氛在一瞬間就變得涼爽舒適。種植在岩石上的盆栽，不需要特別照顧，相當適合初學者。

栽種在岩石上的方法

若想將植物擺放在水盤、或作成玻璃培養盒來玩賞，建議的方式是將植物栽種在岩石上。不僅移動容易，栽培管理也不困難，平時只需和其他盆栽一起放在室外進行管理即可。

製作方法也簡單。利用加了水揉和過後的土壤「夢想」，將植物的根部附著在岩石上。依照個人喜好，也可再覆蓋上青苔，並像製作苔球時一般，以線固定在岩石上即OK。

使用的石頭，如熔岩石等，表面粗糙不平的石頭較為合適。

水盤上的盆栽帶來清爽涼意

在裝有淺水的水盤或平底器皿上，擺放上盆栽的方式。能帶來涼快舒爽的氣息，最適合夏天了。建議利用種植在岩石上的盆栽，或苔球等來擺設。為了不讓植物根部浸泡在水中，若是使用苔球時，在苔球下方鋪上砂礫，避免苔球直接接觸到水。

讓人印象深刻的玻璃培養盒

玻璃培養盒，是將植物擺放進玻璃透明容器中的玩賞方式。雖然小，卻能讓人印象深刻。只要裝進玻璃盒中，馬上就會出現了一個不可思議的空間，會令人不自覺地靠近，想要一探究竟。

原本的作法是在玻璃盒中放入土壤後植入植物，但因為溫度、濕度的管理並不容易，較適合盆栽的老手們。在此我推薦的作法是，只有在想用來裝飾的時候，才將苔球、或種植在岩石上的盆栽，擺放進鋪有砂礫的容器中。使用的容器，無論是水族箱或寬口瓶，任何容器都OK。

注意要點

在容器的底部鋪上砂礫

如果在容器的底部鋪上砂礫，就能營造出自然的氣息。建議可以利用伏石蕨、瓦葦、姬玉簪、兔腳蕨等有著漂亮綠色的植物來裝飾。

有陽光的室內可打開盒蓋

有陽光照射的場所，如果盒蓋密封，會導致內部悶熱，要特別留意。植物仍在容器中但需要澆水時，利用噴灑霧水的方式進行。

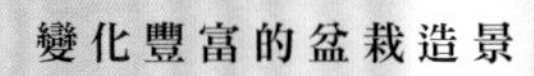

拳頭大小的岩石上，栽種了有著細長葉片的瓦葦、圓形葉片的伏石蕨及大灰蘚。猶如從河邊撿回來的一般，樸素不起眼，但若將它擺放在造型簡約的水盤上，馬上變成引人注目的焦點。

迷你草盆栽 Q&A

剛開始接觸盆栽時容易遇到的問題，在本章節中為各位解答。
如果當你猶豫不知道該如何處理時，去查出正確的處理方式固然重要，
但最先該作的事情是，先將自已換成植物的立場來思考。

Q 如果要開始種盆栽，什麼植物比較好？或哪個季節比較好？

A 強健容易栽培的植物在春或秋季時定植。

剛開始入門時，強健且容易栽培的植物最為適合。樹木類推薦的是楓樹、烏桕，草花類則是風知草、野紺菊、大吳風草、斑紋木賊等。

春季和秋季是最適合定植的季節，而且市面上也有相當多的植物苗在流通。若需要在夏季定植時，要注意盡量不要讓根團崩壞。

Q 多大尺寸的花盆最適合初學者呢？

A 土壤多，澆水會比較輕鬆。選擇3吋至5吋大小的花盆。

小花盆似乎比較容易上手，但其實，尺寸小反而容易出現缺水現象，初學者若能挑選一定程度大小的花盆，會較為安心。建議選用3吋至5吋（內徑9至15公分）的花盆。

Q 盆栽製作完成後大概已經過了一週，但似乎一天比一天沒有活力。是哪裡作錯了嗎？

A 暫時放在無日照處讓植株休養。夏季的定植，需要特別留意。

夏季定植時，如果過分地翻動根部，可能會導致植株枯死。盆栽剛作好後，要澆大量且充足的水，直到餘水從盆底的排水孔排出為止。澆水後，不能馬上就放到太陽下，而要放置在無日照的場所，約一星期至十天，土壤乾燥後再澆水。

Q

旅行等，無法澆水時
該怎麼處理？

A 如果是兩至三天，有應對方法。
夏天時則需請家人或友人幫忙。

若是一至兩天，可讓盆栽暫時避難到其他場所，例如：先在盆底水盤裡裝水後，將盆栽移動在無日照的場所，或直接將盆栽擺在沒有日照且土壤潮濕的樹下。若是兩至三天，可準備一個大型花盆，在其中填入土壤，之後將盆栽的花盆部位埋進土中。但若是在夏季，此方法也不見得有效，最好的方法還是請家人或友人來協助澆水。

若是時常因忙碌而忘記澆水的人，建議可以在製作盆栽前就先選用耐旱的植物，或選用銅錢草等水生植物，讓盆栽擺放在裝有水的水盤中，就比較不需要擔心。

Q

盆栽的觀賞期大概多久？

A 如果有施肥或增換盆
就能長期觀賞。

只要沒有枯萎，盆栽可欣賞好幾年。為了要長期能觀賞，且為了讓隔年的葉片長得好、花數增多，請依照植物的種類，在春季和秋季時施給適當的肥料。

培育了三年以上的盆栽，會出現根團糾結的狀況，所以需要進行增換盆，或利用根團水栽、苔球等方式來重新塑造。盆栽栽培越久，越有風情，所以請務必下點功夫，替盆栽延長觀賞的時間。

Q

盆栽會長到多大呢？

A 花盆的尺寸會影響盆栽大小，
直接放置在地面時要特別留意。

生長到一定的程度後，根部會在花盆內部出現糾結的現象，植株會因應根部的長度而停止繼續變大。但如果盆栽是直接擺放在室外的土壤上，根部可能會從盆底的排水孔竄出，接觸到地面。如此一來，根部會不斷地延伸，植株也會隨之生長變大，因此要特別留意。

Q

到了春天卻不開花，是為什麼呢？

A 可能是日照不足。也有可能是不小心剪到了芽。

首先先檢討放置的場所、澆水・施肥的方法是否有問題。而其中最常見的原因是沒有接受到充足的日照。

其次的可能性是，在秋季或冬季進行修剪時，不小心將花芽剪除了。建議若是會結花朵的樹木，花朵開花結束後就要馬上進行修剪。

因為不開花所以趕緊施肥，但儘管這麼作也是不會馬上開花的。持續以正確的方法來照顧，期待下次的花季吧！

Q

夏天時大概是因為太熱了，所以一部分的葉片變茶色且乾枯。請教我如何處理和預防的方法。

葉片會燒焦是因缺水而造成，早晚各一次確實地澆水。

因為水分不足，所以造成葉片被燒焦了。如果水分有充分送達至葉片的前端，就算是在炎熱的盛夏中，葉片燒焦的情況也不會發生。請施給充足的水分後，將植株暫時放置在無日照的場所中管理。當新的葉片長出來後，即可將枯黃的老舊葉片拔除。

預防葉片燒焦的方法是，早晚各一次確實地澆水，並將植株移動到半日照的場所中避難，或利用遮陽簾等來緩和日曬。需特別注意的是，避開午後的西曬。

Q

不小心讓盆栽枯死了，但又捨不得丟掉……是否有更好的處理方式呢？

A 試著將它種在庭院的角落裡，也許明年春天會長出新芽。

盆栽中植物雖然看似已經枯萎，但其實還是有存活著的可能性，因此，到明年春天為止，以正確的栽培管理方法繼續照顧看看吧！

如果這麼作依然沒有復活，那就只好忍痛將它丟棄。不忍心將它當作垃圾般丟掉的人，可以埋進庭院中的一角，若是植物沒有完全枯萎，也許還是會長出新芽呢！

一直放在室內，結果青苔發霉了……該怎麼辦呢？

A 將發霉的部分清除，放在室外吹風。

將發霉的部分削除，若以剪刀剪除後，放在室外吹風，暫時觀察盆栽的狀況。

如果長時間放在室內，不僅只是會發霉，更會導致植物衰弱沒元氣。因此，在室內放置一天後，隔天請務必將植物移動回室外。

Q 盆栽放在室外時，被風吹倒了……不僅花盆破了，植株也從基部處折斷。變成這樣，只能放棄嗎？

A 如果根部活著，就不用擔心。颱風季節時要作好防風對策。

颱風等颳大風的日子，將放置在高處的盆栽移至低處，或將盆栽移動到不受強風吹襲的場所等，進行防風對策，避免盆栽因風而傾倒。

已經折斷的枝幹，要讓它接合是不容易的，但如果根部依然存活著，就不需要擔心。將植株移植到別的花盆後，擺放在室外的無日照處約一星期至十天，讓植物休養。雖然到新的芽生長出來需要一段比較長的時間，但請繼續耐心地給予照顧。

Q 盆栽的土似乎逐漸地變少，這是為什麼呢？

A 也許是從盆底的排水孔流出了，澆水時以微弱的水流即可。

可能是因為澆水時土壤流失了。請先確認，是否忘記在盆底鋪上盆底網，或沒有以鐵絲固定盆底網，所以盆底網的位置偏離了。另外也有可能是因為，定植的時候，根部與根部之間沒有以土壤填滿，盆中本來就有空隙。因此，定植的時候，請務必利用竹筷輕戳，讓土壤落下填滿縫隙。

如果土壤的表面是裸露著，土壤可能會在澆水的同時，隨著水一起溢出。建議以青苔、或裝飾石頭來覆蓋住土表。

澆水時，如果澆水壺沒有裝上蓮蓬頭狀噴嘴，或直接從水龍頭接上水管之後就澆水，強勢的水流直接沖擊植株基部，就會導致土壤流出。因此請務必在澆水壺和水管的前端裝上蓮蓬頭狀的噴嘴，以猶如下雨般的弱勢水流，輕緩地替盆栽澆水。

迷你草盆栽用語辭典集

在本頁中，將本書所出現過的有關於盆栽＆草盆栽的專用名詞，或經常使用的用語進行統整，並加以說明。當出現不知道的用語時，請務必活用此辭典。

◎明亮無日照
沒有陽光直射的明亮場所。或指的是有半天的時間，如明亮樹蔭般，有陽光透射進來的場所。

◎增換盆
將以前定植過的植物，重新種植。盆栽若經過兩至三年，花盆中會出現根部糾結的狀況，因此有必要將根部作整理，換到較大的花盆。

◎液肥
液體肥料。與固體肥料相比，被根部吸收的時間較短，具有速效性，但持效性不佳，大約維持一星期至十天。有加水稀釋的類型，也有直接插入土壤中的管狀類型，而盆栽是利用加水稀釋的類型。

◎置肥
在土壤的表面放置固體肥料，澆水的同時讓肥料成分逐漸被溶出的施肥方式。

◎禮肥
為了讓開花後、結果實後的植物回復體力所施給的肥料。也包含了對花朵、果實的感謝之意。利用有速效性的液體肥料或化學肥料。

◎化學肥料
人工合成的化學物質所製成的肥料。一般園藝用的肥料都均衡地搭配了植物生長所不可缺的氮、磷、鉀三要素。

◎冬肥
12月至2月寒冷的季節時，為盆栽、農作物、庭院樹等施給的肥料。若在此時期中在土中施肥，植物容易吸收，對隔年春天的生長期會有助益。

◎樹木類
所指的是樹木的盆栽，或盆栽中所使用的樹木。楓樹、連香樹之外，繡球花、葡萄等也歸類為樹木。

◎休眠
植物為保護自己度過寒冷乾燥季節，暫時停止生長的狀態。多數的植物在冬季會進入休眠。落葉樹會棄捨葉片，宿根植物則會讓地上部分枯萎。

◎草盆栽
使用了草類植物的盆栽。過去草類植物多半用來襯托盆栽中的樹木，但近年以草類植物為主角的草盆栽自成新的類型。

◎珪酸鹽白土
多孔性的天然石材。利用沒有排水孔的花盆來種植時，若平鋪在土壤的下方，有淨化水、土，且防止根部腐爛的效果。

◎裝飾石頭
鋪在盆栽土壤表面上的園藝用輕石。不僅具有排水性及通氣性，且能美化外觀，同時也能防止土壤在澆水時流失。

◎泥炭土
植物腐化後堆積在水底而成的黏土質土壤。有黏度，乾燥後會凝固，因此常被使用於苔球。

◎喬木
植物學專用名詞，指樹高超過5公尺以上的木本植物。

◎固體肥料
將肥料成分凝固成固體狀的園藝用肥料，一般多為化學肥料所製成。與液體肥料相比，效果較為緩和，具緩效性，能持續長時間肥效。

◎扦插
將植物的枝條、莖部、葉片等直接插入土壤，使其生根抽枝，長成新植株。

◎殺蟲噴霧劑
噴霧型藥劑，用於驅除植物上的害蟲。為減少對植物的影響，務必選用植物專用的殺蟲噴霧劑。

◎自生
所指的是植物非人為栽培，而是以自然的狀態，自立生長在該區域中。

◎小灌木
植物學專用名詞，指樹高為1公尺以下的木本植物。

◎常綠
樹幹或枝條上，一整年中都有葉片，且葉片都維持青綠色。像此類的植物稱為常綠植物，而樹木類則稱為常綠樹。最具代表的為杉木、松木等針葉樹。

◎施肥
為植物施給肥料。

◎修剪
為了讓通風變好，且修整外觀，將草木的枝葉剪除。不僅能讓養分充分送達，促進生長，且當病蟲害發生時，有防止被害持續擴大的效果。

◎多年草
只要一旦長出芽，好幾年都不會枯萎，會持續生長的植物。樹木類、宿根植物、球根植物等皆屬於此類。與此相較，一年就會枯萎，每年需要重新播種、栽培的植物則稱為一年草（一年生草本）。

◎地下莖
會在地面下竄生的莖。並非根部，雖然構造與地面上的莖是相同的，但會伸展繁衍。

◎附生
植植物不直接生根在土壤中，而是在樹木或岩石等上紮根。常用於盆栽的蘭花類或蕨類多有此性質。

◎灌木
植物學專用名詞，指的是樹高約為3公尺以下的木本植物。

◎徒長
植物的節間過度抽長。日照不足時，植物為了爭取陽光，容易瘦弱地不停向上延伸。此外，當肥料施給過多、通風不好、植物過於群聚密集時，也容易發生此現象。

◎自然著地萌芽
植物種子隨著風，或混在植物苗的土中被帶來，在盆栽上自然地長出新的植物。

◎根團水栽
盆栽玩賞方式之一。定植經過兩至三年後，根部已在盆中長滿，將根團從花盆中取出，直接擺放在裝有淺水的器皿上。

◎根部腐爛
植物的根部壞死。澆水過多、排水性及通氣性不佳、病蟲害的發生、肥料施給過多等，各式各樣的原因都有可能導致。

◎根部糾結
花盆中，根部過於繁茂密集，已經無法再伸長的狀態。即使澆水，土壤也無法吸收水分，水分無法確實地送達到植物，此時必須進行增換盆的工作。

◎盆底網
鋪在盆底的排水孔上，可防止花盆中的土壤從排水孔流出。

◎殘花
花朵開完後，沒有凋落，殘留下來的部分。有損美觀，因此發現時以手摘除，或以剪刀剪除。

◎葉水
以噴霧器或澆水壺，在葉片上或植物整體上灑水。不僅能洗去葉片表面的灰塵，促進光合作用，同時也有預防病蟲害的效果。灑葉水後葉片有亮澤有元氣，因此在盆栽用來裝飾前也要經常噴灑葉水。

◎葉片燒焦
因日照過強，葉片的溫度上昇，使得葉片的水分蒸發，甚至組織壞死。多半會出現葉片的一部分變乾、變茶色等情況。若已經壞死的部分就無法復原。

◎半日照
一般所指的是，一天中約三至四小時，有陽光直射的場所。例如建築物的東邊等，只有上午有日照，下午則是被建築物的陰影所遮蔽的場所。西邊雖然有下午的日照，但對植物而言，午後的西曬過於強烈，因此並不合適。

◎病蟲害
因疾病或害蟲對植物所造成的傷害。當日照不足、高溫多濕、或植物的營養過剩時，就容易發生。

◎肥傷
根部的周圍如果肥料成分過濃，為了要降低濃度，根部中的水分會被土壤所吸收，根部喪失水分，最後甚至會使植株出現衰弱的現象。

◎斑紋
植物的葉、莖或花上，有著與基底顏色不同的紋路。葉片的一部分少了葉綠素，變化成白色或黃色所造成。使用在盆栽上時，因為有漂亮的紋路，所以相當具有人氣。

◎熔岩石
因火山噴發所形成的岩石。有黑、紅、灰色等各種顏色，可當作庭院中的石頭、或盆栽中的裝飾石來利用。園藝店或居家用品店等皆有販賣。

◎盆栽
將植物種植在花盆中觀賞。日本傳統的藝術嗜好。模仿自然的風景，並將其以盆栽來呈現。過去多以樹木為主，但近年來，草盆栽、苔球等新的類型變得相當受到歡迎。

◎缺水
植物所需要的水分不足時，造成植物萎凋。如果是在初期發現，只要給予充足的水分，就能使植株回復元氣。

◎水苔
多自生在濕地的苔類植物。葉片能儲存大量的水分，因同時具有良好的保水性與排水性，因此常被利用來當作種植蘭花或山野草時的材料。

◎夢想
青苔的專用土壤。植物腐化後的物質所作成的纖維質土壤，排水性佳，不容易發生根部腐爛的狀況。

◎木本植物
植物學的專用名詞，指的就是樹木。

◎休養
將衰弱的植物，暫時放置在無日照處等，氣溫變化、日照所帶來的影響較小的場所，讓植物休息，恢復體力。

◎組盆
將多數的植物種植於同一個花盆中。

◎落葉樹
進入秋季時所有葉片會乾枯掉落，冬季時休眠的樹木。一般常見的落葉樹為櫻花、楓樹等闊葉樹。

◎三爪耙
定植或增換盆時，將糾結的根團弄鬆時所使用的工具，形狀如同熊掌。

◎露地
室外沒有屋簷等遮蔽的地面。

作者

砂森 聡（Satoshi Sunamori）

草盆栽家、庭園設計師。擁有山野草專賣店等的豐富經驗，於1999年創立苔球及迷你盆栽的專門店「草と花 一草（isso）」。從2013年開始，由花店、山野草＆庭園設計、咖啡店、木工等所集合而成，名為「西荻百貨店」的店舗正式起步，並在「草と花 一草」中接受各種與植物相關的諮詢。從山野草及苔球的販賣、苔球及組盆的教學，到個人住宅的庭院設計施工與管理等，廣泛地進行各類的活動。書籍監修＆著作有《苔球・迷你盆栽・時尚可愛的綠色室內設計》（新星出版社）、《苔球・青苔的培育法》（家の光協會）等。

「草と花 一草（isso）」
〒167-0042 東京都杉並 西荻北4-35-10 西荻百貨店
砂森山野草商店 一草 http://isso-1999.com/

｜自然綠生活｜ 13

初學者也 OK 的森林原野系草花小植栽

作　　者／砂森 聡
譯　　者／楊妮蓉
發 行 人／詹慶和
總 編 輯／蔡麗玲
執行編輯／劉蕙寧
編　　輯／蔡毓玲・黃璟安・陳姿伶・李佳穎・李宛真
執行美編／周盈汝
美術編輯／陳麗娜・韓欣恬
內頁排版／周盈汝
出 版 者／噴泉文化館
發 行 者／悅智文化事業有限公司
郵政劃撥帳號／ 19452608
戶　　名／悅智文化事業有限公司
地　　址／新北市板橋區板新路 206 號 3 樓
電子信箱／ elegant.books@msa.hinet.net
電　　話／ (02)8952-4078
傳　　真／ (02)8952-4084

2017 年 12 月初版一刷　定價 380 元

Boutique Mook No.1317
CHIISANA BONSAI
Copyright © 2016 Boutique-sha, Inc.
All rights reserved.
Original Japanese edition published in Japan by BOUTIQUE-SHA.
Chinese (in complex character) translation rights arranged with BOUTIQUE-SHA
through KEIO CULTURAL ENTERPRISE CO., LTD.

經銷／易可數位行銷股份有限公司
地址／新北市新店區寶橋路 235 巷 6 弄 3 號 5 樓
電話／ (02)8911-0825
傳真／ (02)8911-0801

版權所有 ・ 翻印必究（未經同意，不得將本書之全部或部分內容使用刊載）
本書如有缺頁，請寄回本公司更換

撮影　村尾香織
撮影協助　studio Te
くろもじ珈琲
圖片提供　砂森由美
株式会社 国華園（P.61） http://www.kokkaen-ec.jp/

設計　平野 晶（株式会社セルト）
撰寫協助　斎藤幸恵
校正　みね工房

編輯統籌　福田佳亮
編輯・製作　株式会社 童夢

國家圖書館出版品預行編目 (CIP) 資料

初學者也 OK 的森林原野系草花小植栽 / 砂森聡著 ; 楊妮蓉譯 . -- 初版 . -- 新北市 : 噴泉文化館出版 : 悅智文化發行 , 2017.12
面； 公分 . -- (自然綠生活 ; 19)
ISBN 978-986-95290-7-5(平裝)
1. 盆栽 2. 園藝學

435.11　　106022546